U0178980

土木工程施工基本原理及技术应用研究

冯　延／著

中国商业出版社

图书在版编目（CIP）数据

土木工程施工基本原理及技术应用研究 / 冯延著
. -- 北京：中国商业出版社，2023.7
ISBN 978-7-5208-2553-5

Ⅰ . ①土… Ⅱ . ①冯… Ⅲ . ①土木工程 – 工程施工 –
研究 Ⅳ . ① TU7

中国国家版本馆 CIP 数据核字（2023）第 136790 号

责任编辑：许启民
策划编辑：武维胜

中国商业出版社出版发行

（www.zgsycb.com　100053　北京广安门内报国寺 1 号）
总编室：010–63180647　编辑室：010–83128926
发行部：010–83120835/8286
新华书店经销
北京亚吉飞数码科技有限公司印刷
＊
710 毫米 ×1000 毫米　16 开　15.75 印张　210 千字
2024 年 3 月第 1 版　2024 年 3 月第 1 次印刷
定价：86.00 元
＊＊＊＊
（如有印装质量问题可更换）

前　言

　　土木工程施工技术是研究建筑工程各主要分部、分项工程施工规律、施工方法和施工工艺的一门应用学科。它在培养建筑工程施工人员综合应用专业知识,增强其对工程施工实际问题的处理能力等方面起着十分重要的作用,其有助于培养建筑工程施工人员根据工程具体条件选择科学、合理的施工方案和运用先进新技术的能力,达到安全、高效、文明施工的目的,最终在建筑工程施工中实现技术与经济的统一。

　　随着建筑业市场日新月异的变化,建筑技术、施工科技知识难以跟上时代的步伐,尤其是在老建筑行业的新老交替、纯理论教育模式的情况下,亟须注入新的血液和采取与时俱进的教育方式。实践证明,加强建筑施工实战技术与质量管理方面的研究与应用具有重要意义。为此,作者根据长期在施工一线施工技术管理的实际情况,综合各施管专业的理论知识,收集、整理、写作了《土木工程施工基本原理及技术应用研究》一书。

　　本书共包含十一章,主要对土木工程施工工艺与方法、常见质量问题与防治手段展开分析。第一章介绍了土方工程的基础知识,包括土的工程分类与基本性质、土方工程的施工要点、土方工程的机械化施工、土方填筑与压实以及常见质量问题与防治。第二章至第十一章分别介绍了地基处理与基础工程、砌体工程、钢筋混凝土结构工程、钢结构安装、装配式结构安装、装饰装修工程、防水工程、建筑地面工程、建筑防腐蚀工程、构筑物工程。其中每一章除了介绍施工工艺与方法外,还在最后一节论述了常见的质量问题与防治手段,便于读者理解与注意。

　　总体来说,本书全部按照现行规范、规程和标准写成,力求既系统又简洁地介绍土建工程施工技术和施工管理的有关知识,并能反映目前施工中的新工艺、新技术、新材料和新的组织管理理念。通过本书,有助于理清土建工程设计和施工技术的相互联系,解决设计与施工脱节的矛盾,并能很好地解决工程设计、施工管理等有关施工的实际问题。

本书在写作过程中得到了有关专家的指导和热情帮助,参考并引用了国内同行的著作及有关资料,在此,谨对所有指导者和文献作者深表谢意。土建工程施工技术发展迅速,日新月异。限于作者的水平,以及新技术的不断出现,本书内容难免出现滞后及不足之处,恳请专家及广大读者提出宝贵意见。

冯 延

2023 年 4 月

目　录

目　录

一、 土的工程分类和基本性质

土的工程性质对土方工程施工有直接影响,也是进行土方施工设计必须掌握的基本资料。土的工程性质主要有土的密度、土的含水量、土的渗透性和土的可松性。

(一)土的密度

与土方工程施工有关的土的密度是天然密度 ρ 和干密度 Pa。土的天然密度是指土在天然状态下单位体积的质量,它影响土的承载力、土压力及边坡的稳定性。土的干密度是指单位体积土中固体颗粒的质量,即土体空隙中无水时的单位土重,它在一定程度上反映了土颗粒排列的紧密程度,可用来作为填土压实质量的控制指标。

(二)土的含水量

土的含水量 w 是土中所含水的质量与土的固体颗粒质量之比,以百分数表示,即:

$$w = \frac{m_w}{m_s} \times 100\%$$

式中, m_w ——土中水的质量; m_s ——土中固体颗粒经温度为 105℃ 烘干后的质量。

(三)土的渗透性

土的渗透性是指水在土体中渗流的性能,一般用渗透系数 K 表示,即单位时间内水透过土层的能力,常见土的渗透系数如表 1-1 所示。

土根据渗透系数不同,可分为透水性土和不透水性土。在土方填筑时,根据不同土层的渗透系数,确定其填铺顺序;在降低地下水时,根据土层的渗透系数来确定降水方案和计算涌水量(见表1-1)。

表1-1 土的渗透系数

土的种类	K/(m/d)	土的种类	K/(m/d)
亚黏土、黏土	< 0.1	含黏土的中砂及纯细砂	20 ~ 25
亚黏土	0.1 ~ 0.5	含黏土的细砂及纯中砂	35 ~ 50
含亚黏土的粉砂	0.5 ~ 10	纯粗砂	50 ~ 75
纯粉砂	1.5 ~ 5.0	粗砂夹卵石	50 ~ 100
含黏土的粉砂	10 ~ 15	卵石	100 ~ 200

(四)土的可松性

自然状态下的土,经过开挖后,其体积因松散而增大,回填以后虽经压实,仍不能恢复成原来的体积,这种性质称为土的可松性。各类土的可松性系数(见表1-2)。

表1-2 各种土的可松性参考值

土的类别	体积增加百分数		可松性系数	
	最初	最后	最初 K_s	最初 K'_s
一类土(种植土除外)	8 ~ 17	1 ~ 2.5	1.08 ~ 1.17	1.01 ~ 1.03
一类土(植物性土、泥炭)二类土	20 ~ 30	3 ~ 4	1.20 ~ 1.30	1.03 ~ 1.04
	14 ~ 28	2.5 ~ 5	1.14 ~ 1.28	1.02 ~ 1.05
三类土	24 ~ 30	4 ~ 7	1.24 ~ 1.30	1.04 ~ 1.07
四类土(泥灰岩、蛋白石除外)	26 ~ 32	6 ~ 9	1.26 ~ 1.32	1.06 ~ 1.09
四类土(泥灰岩、蛋白石)	33 ~ 37	11 ~ 15	1.33 ~ 1.37	1.11 ~ 1.15
五至七类土	30 ~ 45	10 ~ 20	1.30 ~ 1.45	1.10 ~ 1.20
八类土	45 ~ 50	20 ~ 30	1.45 ~ 1.50	1.20 ~ 1.30

土的可松性程度用可松性系数表示。土经开挖后的松散体积与原自然状态下的体积之比,称为最初可松性系数;土经回填压实后的体积与原自然状态下的体积之比,称为最终可松性系数。

二、 土方工程施工要点

(一)土方工程量计算

计算土方的工程量是土方工程施工前必须进行的工作,但由于各种土方工程的外形不规则,导致计算起来比较复杂,在实际操作中,一般将不规则的形状划分成一定的几何形状,采用与实际情况相近且精确的方法来进行计算。

1.基坑土方量计算

基坑土方量可按立体几何中的拟柱体体积公式计算,即:

$$V = \frac{H}{6} + (F_1 + 4F_0 + F_2)$$

式中,H 为基坑深度(m);F_1、F_2 为基坑上、下的底面积(m²);F_0 为基坑中截面的面积(m²)(见图1-1)。

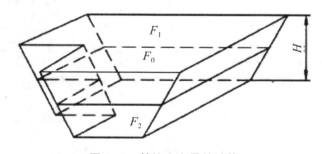

图1-1 基坑土方量的计算

例1:已知某基坑底长80m,底宽60m。场地地面高程为176.50,基坑底面的高程为168.50,四面放坡,坡度系数为0.5,试计算挖方工程量。

解：基坑的高度：$H=176.50-168.50=8m$

基坑的上口长度：$80+8 \times 0.5 \times 2=88m$

基坑的上口宽度：$60+8 \times 0.5 \times 2=68m$

$F_1=68 \times 88=5984m^2$

$F_2=60 \times 80=4800m^2$

$F_0=64 \times 84=5376m^2$

则 $V=H/6 \times (F1+4F0+F2) 8/6 \times (5984+4 \times 5376+4800)$
$=43050.67m^3$

2.基槽土方量计算

基槽和路堤的土方量计算,可以沿长度方向分段后,按相同的方法计算各段的土方量,再将各段土方量相加即得总土方量。即:

$$V = \frac{L_1}{6} + (F_1 + 4F_0 + F_2)$$
$$V = V_1 + V_2 + \ldots + V_n$$

式中,V_1 为第 1 段的土方量；L_1 为第 1 段的长度；V_1,V_2,V_n 为各段的总土方量。

(二)土方调配

土方调配主要是对挖方的土需运至何处利用或堆弃、填方所需的土应取自何方,进行综合协调处理,其目的在于在土方运输量最少、最经济的基础上确定挖填方区土方的调配方向、数量及平均运距。土方调配的合理与否,将直接影响到土方施工费用和施工进度,如调配不当,还会给施工现场带来混乱,因此应特别予以重视。一般用线性规划方法和表上作业法进行土方调配。

(三)土木工程中深基坑土方开挖施工

随着生活水平的不断提高,人们更加关注城市建筑的安全性,科学技术的进步促进我国土木工程中深基坑技术的发展,在施工中对于深基坑技术的使用可以最大限度地实现城市地下空间的合理布局。深基坑工程作为重要的施工环节,需要建立专业化和标准化的技术应用形式,以不断提高工程质量,并在确保施工者安全的同时取得良好的施工效果。

1.深基坑土方开挖施工的注意事项

(1)施工环境

在应用深基坑土方开挖技术时,相关部门需要明确该项施工技术应用时的基础性原则,如施工环境。施工环境的选择与改良会给土方开挖技术的使用带来极大影响,即在进行正式施工前,需对施工现场的具体状况进行实地探究,利用对该项数据信息的合理把控,针对性地挑选土方开挖技术,以增强土木工程深基坑项目的施工效果。如有必要,相关部门还需要根据施工环境具体需求,灵活地融合多种土方开挖施工方法。

(2)工程性质

土木工程项目的工程性质也会对土方开挖技术的使用带来较大影响。比如,在编制土木工程处理计划时,需对工程项目的应用功能与内在性质进行准确定位,相较于普通土木工程建设,等级较高的土木工程建设会对外观提出更高的要求,在进行修建时也更看重地面沉降率,通过对工程性质的适当把控,可适时制订更为精细的工程项目建设方案,其采用的土方开挖技术也会进行恰当的调整,因此了解土木工程的项目建设性质至关重要。

(3)土壤性质

土木工程深基坑内部的土壤性质也会影响土方开挖技术的选择,给施工技术的应用带来更多变化。一般来讲,土木工程深基坑中的土壤多为砂类土壤或黏性土壤,若土壤性质为砂类土壤,则要尽量采用挤密法;当土壤性质为黏性土壤,则使用压实法。无论采用何种方式,都应利用土壤性质,合理选择土方开挖技术方法。

2.土木工程中深基坑土方开挖施工方法

（1）拉森钢板桩＋钢围檩支撑

在应用拉森钢板桩＋钢围檩支撑施工技术时,相关部门需对深基坑开展合理规划,明确钢板桩打设的各项内容数据,并对土方标高进行合理调整,及时明确该类施工技术的应用要点及内容,有效完善该项施工手段的运用状态,并为工程项目建设搭建合适的水平支撑。

同时,在应用拉森钢板桩＋钢围檩支撑施工技术的过程中,相关部门要利用混凝土浇筑增强混凝土垫层的使用效果,并利用合适的承台全面规划拉森钢板桩＋钢围檩支撑融合后的工程项目建设质量,利用适宜手段完成基坑回填,适时加强该施工技术手段的支撑作用,从而有效提升工程项目建设质量。对于拉森钢板桩＋钢围檩支撑施工技术手段的应用状态而言,相关部门需合理关注该项施工技术方法中的各项细节,通过对该项细节的针对性把控,有效改善工程项目的建设状态,为深基坑的持续性建设奠定坚实基础。值得一提的是,在合理把控拉森钢板桩＋钢围檩支撑施工技术的过程中,相关部门需适时注意施工技术的使用状态,以保证其对各项问题的处理水平。

某项目施工单位在制订拉森钢板桩＋钢围檩支撑的应用方案中,首先要对深基坑土方开挖的地质情况进行详细了解,根据土质条件与地理状况订制拉森钢板桩＋钢围檩支撑的应用方案。例如,根据基坑出管廊的深度范围,选择基坑开挖深度,进而选择拉森钢板桩的型号。同样,参考基坑开挖深度与拉森钢板桩型号来选择钢围檩支撑结构型号,主要是因为需要满足拉森钢板桩＋钢围檩支撑的强度。以基坑开挖深度 −6m 为例,该施工单位选用12m的拉森钢板桩进行支护,通过钢围檩作为支撑结构,主要型号是以强度375,钢管壁厚12mm的钢管作为钢板桩的支撑,同时在型钢与钢板桩之间采用钢板焊接的方式连接,焊缝高度根据其型号选择。在基坑开挖过程中,选择拉森钢板桩＋钢围檩支撑主要有两个优势。

第一,由于其物体特性对于地面的重物压力较小,能够有效避免地面发生均匀沉降。第二,管廊外部可以延长地下水流动路径,减少基坑内的渗水速率,为水泵排水减小压力。另外,由于拉森钢板桩＋钢围檩支撑之间无法实现紧密闭合,因此,地下水对钢板围护的侧压力会减小,进而提高基坑支护体系的安全性。不过由于降雨的影响,基坑底下渗水无法将积水全部排出,只有通过水泵进行基坑排水,并将水位降低至控制水位以下。拉森钢板桩+钢围檩支撑(见图1-2)。

图1-2　拉森钢板桩+钢围檩支撑

（2）PC工法桩+混凝土支撑

在科学运用PC工法桩+混凝土支撑施工技术时,相关部门要根据土方工程深基坑建设的实际情况规范对应的施工手段。针对PC工法桩+混凝土支撑施工手段的运用状态而言,要合理明确该施工技术中持有的各项数据指标,将拉森板桩与钢管桩进行合理连接,以增强该墙体建设的连续性、科学性,进而全面保障土方工程深基坑的整体建设质量。

当前,PC工法桩+混凝土支撑施工技术手段中包含钢板桩、圆形钢管桩等,在钢管桩的两侧还可有效完成止水锁扣的焊接工作,以全面提高钩状结构的应用质量,为此后钢管植入工作的开展打下坚实基础。相关部门在利用PC工法桩+混凝土支撑施工时,还要合理加强钢板桩与钢管桩的连接与融合,通过对该项内容的适宜把控,将该项施工技术手段运用在淤泥土、卵石、黏土、粉砂与软土等中。在当前的土木工程深基坑施工中,相关部门需利用合适设备规范管理PC工法桩+混凝土支撑施工技术中的内容指标,对其呈现出的数据信息变化进行合理控制,及时找出该类钢管中存在的问题,切实改善深基坑项目的整体建设效果,科学把控不同层级的施工内容。

在深基坑土方开挖施工过程中,由于受地质条件的影响,需要有效使用 PC 工法桩＋混凝土支撑进行施工。例如,某项目施工单位通过勘察土质发现,其土层主要包括素填土、筑填土、粉质黏土与淤泥等。使用传统支撑方法成本较大,工期较长。同时,对当地水文条件与气候特点进行调查分析,并得出结论,该单位选择使用 PC 工法桩＋混凝土支撑的方式进行支撑。在施工过程中,该施工单位要考虑到保护周边建筑物的因素,采用分层开挖的方式施工,而 PC 工法桩＋混凝土支撑体系则是先建立然后进行土方开挖,在开挖作业中控制施工进度。PC 工法桩＋混凝土支撑相较于钻孔灌注桩具有造价较低、工期较短、污染较小的特点,因此,该单位为方便成桩,缩短工期,加快支撑体系建设,选择 PC 工法桩＋混凝土支撑。

首先,沉桩过程中工序较为简单,还是采取传统的振动法下沉,支撑效果较为明显。

其次,通过测量队进行放样取点,施工队根据点位进行振动沉桩。

最后,由监理单位对沉桩质量进行核检验收,对深基坑土方进行放坡开挖。

当前,PC 工法桩相较于传统的拉森钢板桩截面刚度较大,受环境限制较小,因此,在深基坑土方开挖中应用较为广泛,进而开发多种组合方式进行维护支撑,PC 工法桩＋混凝土支撑模式优势显现。PC 工法桩沉桩闭合如图 1-3 所示、PC 工法桩锁扣如图 1-4 所示、PC 工法预埋桩如图 1-5 所示。

图 1-3　PC 工法桩沉桩闭合图

图 1-4　PC 工法桩锁扣图

图 1-5　PC 工法预埋桩图

（3）水泥搅拌桩止水帷幕＋灌注桩排桩＋混凝土支撑

除了采用 PC 工法桩＋混凝土支撑施工手段外，施工人员还可在深基坑工程建设中选择水泥搅拌桩止水帷幕＋灌注桩排桩＋混凝土支撑相融合的施工技术手段。具体来看,在正式规范水泥搅拌桩止水帷幕＋灌注桩排桩＋混凝土支撑施工手段前,要恰当了解深基坑土方开挖的具体情况,施工人员应对工程项目深基坑基础采取水泥搅拌桩的止水帷幕,利用对该项施工内容的适宜规范,精准探测到不同深基坑项目建设中的具体问题,利用对该项问题的合理分析,切实改善水泥搅拌桩使用效果。同时,施工人员还需要依照土方开挖的对应顺序,恰当开展灌注桩排桩工作,及时探索灌注桩施工中的各项问题,并通过对该类问题的有效规范,切实加强灌注桩排桩的施工效果,为此后的深基坑项目建设打下坚实基础。

此外,施工人员需采取合理措施完成混凝土支撑工作,利用对该项技术内容的适宜控制,精准找出其内部存在的各项问题,并利用对不同类型混凝土支撑问题的规范,提升土方开挖技术的应用质量,为土木工程建设解决更多问题。

值得一提的是,在规范水泥搅拌桩止水帷幕＋灌注桩排桩＋混凝土支撑施工内容的过程中,相关人员需精准检查其施工内容中的各项参数,利用对该项参数的规范性控制,为土木工程建设解决更多实际问题,以加强工程项目施工效果。混凝土支撑如图1-6所示、灌注桩预埋如图1-7所示。

图 1-6　混凝土支撑图

图1-7　灌注桩预埋图

3.深基坑土方开挖施工质量控制措施

（1）施工前准备

深基坑施工前要建立开挖施工方案,施工方案的制订决定了基坑施工的方向,是工程项目中十分重要的环节。

第一,在深基坑工程施工中,要确保测量放线工作的质量,施工单位要建立正确的高程、基准线、复核原基准和测量监测网工作,还需要通过二次测量完成施工测量控制网的准确性,以确保在复杂的地质环境中工程处于绝对安全的施工环境,避免对周边建筑造成不良影响。另外,要对施工局部做好处理,使用先进的工具做好科学合理的表面覆盖和刮抹工作,在深基坑施工中要严格控制大体积结构质量,通过刮抹和覆盖提高施工质量。

第二,做好对工程图纸的检测,运用先进的控制技术实现工程图纸对施工现场比例的高度还原。工程图纸是工程建设的重要理论依据,也是重大项目决策的基础数据,应当注重建筑自身状态和图纸的贴合程度,结合施工中的各种因素,不断提高工程单位对施工进度的管理水平,通过改进和创新质量管理机制,保证深基坑工程满足建设需要;通过建立完善的工程管理体系,进而保证施工的进度和质量。

（2）加强施工工序的监管

首先,在施工过程中要严格控制测量放线,以保证所有测量数值的准确性,包括基准线、复核原基准线、监测网和高程等,对其呈现出的数据信息进行动态监管。

其次,相关工作人员应实行规范的施工挖掘,即在建筑施工的挖掘工作中,确保人工挖掘时将土层预留0.3m,严格控制挖掘深度。相关部门还要利用恰当的监管仪器控制施工位置的边坡高度,使其与设计参数始终保持一致,并保证边坡和深度与设计标准值相同,一旦出现挖深或边坡高度不准确就极易造成地基结构的不稳定,对建筑后期安全性造成严重影响。

再次,在科学监测土方施工中的各项机械时,需要合理分级应用机械,根据建筑技术特性按照喷锚方式将地基分成不同区域,再根据区域特征将其分成两个不同的作业面,其中一个作业面是中间部位,可以采用大面积施工方式,另一个作业面是沿地基围护的施工区域。如果在开凿时遇到土壤积水作业面等突发情况,要合理采用机械将积水尽快排放,施工中要注重施工管理和流程,恰当增强该项管理工作的监管效果。

最后,在监管项目边坡的开凿工作时,在开凿工作到达建筑底部时要开展基坑边坡维修和底部管理工作。为保证开凿施工顺利,要确保在整个施工中掘土车的快速移动。当地基已经浇筑到最后一层时,要标记定位基桩并检查混凝土基桩定位是否准确,在运行铲斗时要避免触碰到钢筋桩等重要承重部位,遇到地质构造等特殊问题时要通过采用先进技术手段解决实际问题。

（3）监控基坑形态

在开挖前要对基坑采取严密的监测、分析和观察,以确保开挖工作顺利进行。在进行正式基坑监测时,需在邻近建筑群周围科学把控好挖掘深度,与建筑群保持合理距离,避免影响其他建筑群的地基安全,在完成该项工作后,要恰当监测该项数据与信息标准的一致性。同时,根据工程布置的具体内容,要保证监测点符合此前项目设计中的各项要求,在连接梁的顶面和基坑支撑桩的顶部要布置沉降和位移的监测点。在完成监测点的设计后,需采用对应的技术设备,以确保监测精确度,时刻监测支撑桩的垂直位移和水平位移,使用24h运行的监测机器设备,保证监测工作的完成效率。此外,在监测点周围设立醒目且牢固的围护设施,该项设施的使用状态需与监测要求相符,避免监测点遭受人为损坏或自然侵蚀,对于被破坏的监测点要及时复位或修复,切实强化各类监测点的整体运行质量。

(4)强化施工现场安全

由于土方开挖的工作顺序是自上而下,因此应当严格控制人工与机械配合的合理性,利用人工对土方实行挖空基础的施工方法,使用机械开挖时不可以出现挖空或超挖现象,通过技术手段严格控制开挖深度和进度,确保每个环节都进行合理预测和分析,坚决采用机械设备控制开挖进程。在采用人工开挖施工时,应当保证作业人员距离超过25m,为突发情况预留逃生空间和时间,保障人员安全。

在机械与人工配合开挖施工时,边坡修复等施工保证机械旋转半径内没有工作人员,避免机械误伤到操作者。在基坑周围设置安全防护栏,保证开挖时有一定的安全防护设备,夜间施工应当保证充足的照明设施,避免光线不足时作业,在危险地段、陡坡、基坑周围设置显眼的警示标志和红灯,避免安全事故发生。在进行设备夯实的过程中,相关部门除了要规范使用各项专业设备,还要对夯实过程进行合理探究,及时观察混凝土内部水分变化,利用对混凝土内部水分的不断缩减,有效提升土壤黏性,以切实保障土方体积,加强其施工运行的稳定性。

在施工过程中要加强质量监管,对施工技术进行严格管理,保证现场安全,提高施工技术质量,在重要施工环节要采取相应的管理措施,包括建筑施工结果的确认与检验、建筑施工危险性预防、地基组织建设、地基支撑、土地建设等科技重点。要根据施工现场的情况、动力学特征、建筑参数特点、建设方法特点等选定适合的地基支撑方法和深基坑施工方式。对于施工流程中任何细节都要严密监管,以保证各个建筑节点都会被实时监测和观察,在施工中合理安排安全管理任务,将安全责任落实到每个作业人员,管理人员要与作业人员形成高度配合的工作模式,防止出现重大安全事故,同时要保证周围建筑和周围环境的安全,通过质量管理实现深基坑施工技术的不断提升,增加建筑的安全性。

三、 土方工程的机械化施工

土方工程机械化施工,是指使用机械来完成土方工程作业的全部过程,包括施工土方、施工机械、施工技术、施工组织及施工管理等部分。它需要理论与实践紧密结合的专业知识,是一种涉及多种学科的现代技术。土方机械化施工,主要用于铁路和公路路基的填挖方,基本建设工程的开挖与整平,港口及河道的整治,电缆和地下管道的埋设,农田水利建设中的土地整平、梯田修筑、沟渠开挖与清理、堤坝的填筑和荒原开发等各个方面。

在大型土方工程施工中,应合理地选择土方机械,使各种机械在施工中配合协调,充分发挥机械效率,加快施工进度,保证施工质量,降低工程成本。

(一)选择土方机械的依据

1.土方工程的类型及规模

土方工程的类型包括场地平整、基坑(槽)开挖、大型地下室土方开挖等。土方工程的施工各有其特点,应根据开挖或填筑的深度及宽度、工程范围的大小、工程量多少来选择土方机械。

2.施工现场周围环境及水文地质情况

即依据施工现场障碍物、土的类别、土的含水量、地下水位等情况来选择土方机械。

3. 现有机械设备条件

即依据现有土方机械的种类、数量及性能来选择土方机械。

4. 工期要求

不同种类和型号的挖土机的生产率不同,最终影响到工程的工期。

(二)土方机械与运输车辆的配合

当挖土机挖出的土方需运输车辆外运时,生产率不仅取决于挖土机的技术性能,而且还取决于所选的运输工具是否与之协调。

挖土机的数量 N 为:

$$N = \frac{Q}{P} \times \frac{1}{T \cdot C \cdot K}$$

式中,Q——挖方土方量,m³;P——挖土机生产率,m³/台班;T——要求工期,d;C——每天工作班数;K——时间利用系数,$K=0.8\sim0.9$。

当挖土数量已定,工期 T 按下式确定:

$$N = \frac{Q}{N \cdot P \cdot C \cdot K}$$

挖土机生产率 P:

$$P = \frac{8 \times 3600}{t} \cdot q \cdot \frac{k_c}{k_s} \cdot k_B$$

式中,t——挖土机每次作业循环延续时间,s,W1-100 正铲挖土机为 25 ~ 40s,W1-100 拉铲挖土机为 45 ~ 60s;q——挖土机斗容量,m³;K_s——大量土的最初可松性系数;K_c——土斗的充盈系数可取 0.8~1.1;K_B——工作时间利用系数,一般为 0.7~0.9。

为了充分发挥挖土机的生产能力,应使运土车辆的载重量 Q' 与挖土机的每斗土重保持一定的倍率关系;为了保证挖土机能不间断地作业,还要有足够数量的车辆。载重量大的汽车虽然需要的辆数会减少,挖土机等待汽车调车的时间也会减少,但是,载重量大的汽车其台班费用高,所需总费用不一定经济合理。最合适的车辆载重量应当是使土方施工单价为最低,可以通过核算确定。根据经验,所选汽车的载重量以取 3~5 倍挖土机铲斗中的土重为宜。

运土车辆的数量 N' 为：

$$N' = \frac{T'}{t_1}$$

式中，N' 汽车每一工作循环延续时间，min，由装车、重车运输、卸车、空车返回及等待时间组成，$T' = t_1 + \frac{2L}{v_c} + t_2 + t_3$ ；t_1 汽车每次装车时间，

min，$t_1 = nt$ ；汽车每车装土次数，$n = \dfrac{Q'}{q \cdot \dfrac{k_c}{k_s} \cdot \rho}$

ρ ——土的重力密度，一般取 $17kN/m^3$ ；L ——运距，m；v_c ——重车与空车的平均速度，m/min，一般取 2030km/h；t_2 ——卸车时间，一般为 1min；t_3 ——操纵时间（包括停放待装，等车、让车等），取 2 ～ 3min。

为了减少车辆的掉头、等待、让车和装土时间，装车场地必须考虑掉头方法及停车位置。

四、 土方填筑与压实

土方填筑施工流程较为复杂，在施工过程中极易受到环境因素、技术因素及人为因素影响，因此需要相关管理部门结合水利工程具体建设要求，不断优化土方填筑施工流程，切实提升土方填筑施工期间的质量及效率，以确保土方填筑施工工作能够进一步延长建筑工程主体结构全寿命周期。

（一）建筑工程土方填筑施工流程

1. 基础层处理

土方填筑施工水平与水利工程生产经营建设期间的综合效益息息

相关,土方填筑施工主要被应用在大坝等土方填筑建设中。由于技术结构需要长期承受水体冲砂以及水工水利物的重力。因此在土方填筑准备工作中,应当首先做好基础层的处理工作,以增加填土及表土的紧密性,推动土方填筑工作有序开展,进一步增加基础层密实度。

如果施工现场地质条件复杂、现场表面坑洼不平,就需要首先对现场进行整平处理。施工现场下部出现地下水,还需要采用引流或截流方式排出地下水,避免地下水对建筑工程土方填筑造成不利影响。

及时清理基础表面杂物、草皮以及不良土壤,确保施工前的基面处于洁净状态。清理基面后还应当进行及时的碾压整平。结合施工现场勘察资料严格检验基层处理效果,合理控制基层施工期间的铺土厚度、碾压次数、含水层与碾压行车速度的参数。

2.选择填筑材料

在建筑工程基础施工过程中,还需要采用合理方式增强边坡结构的稳定性。经过实际调查研究发现,影响边坡结构的稳定性因素主要为土方填筑材料的凝聚力、边坡的内摩擦角度等。在现阶段土方填筑施工过程中,施工管理人员需要着重分析施工现场地质条件及水文环境特征,选择适宜的土方填筑材料。着重分析不同土方填筑材料的承载度以及材料对土体结构的局部抗剪接力。

对施工现场的土体结构展开贯穿性试验,结合试验结果分析填筑材料矿物类型、含量等情况。为使选择的材料满足水利施工要求,应避免材料内部的有机含量较高、含水量较高、易腐蚀等情况的出现。

加大建筑工程边坡结构压实环节管控力度。在土方填筑施工开展前还应当在施工现场进行全面测量,配合使用钢钎测量方式测量土体结构厚度,结合压实试验加强摊铺管理水平。在填筑到指定高度后需要借助方网格测量方式,测量填筑的标高值,严格监管土方填筑厚度,避免在土方填筑施工期间出现表面不平整问题。在土方填筑施工前还需要结合工程施工要求以及施工标准进行压实试验,使土方填筑施工期间的材料含水量能够得到有效控制。

3. 土方填筑施工设备

在建筑工程土方填筑过程中,机械设备运行水平可直接影响到实际填筑效果。为选择出更加适宜的机械设备种类,需要依照填土材料的性质以及需要实现的作用决定。在填土材料为黏土的情况下,由于黏土的内摩擦阻力大、黏性强,因此需要选择具有更大作用力的机械设备。举例说明,在填土材料多为黏砂土或黏砂粒的情况下,可以选择捣实式填筑设备。

4. 土料铺设

在土料铺设前需要对材料展开检验,严格控制材料内部含水量、混合比。进入到施工现场的材料还应当进行再次质量检验,防止在材料运输及存储期间出现性质变化的情况。配合使用全站仪设施对施工坐标展开标定,合理确定施工位置与施工距离。依照工程施工需求明确施工位置与施工距离,设置土方填筑施工边线。由于土方填筑结构厚度、碾压吨位都会对施工质量造成影响,还需要注重控制横向及纵向施工,将土体厚度设置在 20 ~ 30 厘米,以确保横向及纵向平整。

在建筑工程土方填筑施工环节,应当严格遵照由低到高的施工顺序。要求土料铺设进程应当与坝体轴线保持平行。在汽车载土行驶至填筑施工范围内时,应当尽量保持垂直前进。行驶到填筑范围后需要将土卸下,防止出现局部地方超压问题。

5. 压实技术

在土料铺设完毕后需要配合使用专项机械设备开展碾压工作,以确保土方填筑结构的平整。在碾压前还需要进行碾压试验,严格控制碾压期间的密度与强度。为保障碾压质量水平,平路机行驶方向与堤坝轴线应相同。合理划分施工分区,在临近坡面使用跨缝搭接手段开展碾压工作,以确保新旧土能够有效结合在一起。在碾压过程中也应当严格控制碾压速度与碾压次数,确保碾压工作均匀开展。

（二）建筑工程土方填筑施工要点

1.土方填筑施工工序

在土方填筑前应做好场地试验工作，合理设置施工参数，确保制订出的填筑施工方案能够在提升工程施工质量中发挥出重要作用。

土方填筑施工工序可分为测量放线、卸料、摊铺、碾压及取样检测工作，土料会采用进占法卸料。在土料进入到工作面后，应当使用摊铺设备展开及时摊铺处理。后续摊铺好的土料在已摊铺好的面层上行驶至卸料点。铺料过程中，员工需要配合将土料中的杂质清理干净，碾压工作应当采用进退错距方式。行车速度可控制在 2km/h，碾压期间搭接长度为 30 厘米。坝面上下游与土坝、水利物结合部位应使用冲击夯等小型机械设备补充夯实。

碾压后的各项性能在满足抽样检验要求后才可以开展后续施工工作。由于压实期间接头处会产生部分松散料，因此还应当在压实后着重开展接头处理工作，要求分段条带平行于轴线，坡比度需要控制在适宜范围之内，以确保填筑后的坝体结构承载力及稳定性符合实际施工标准，从而保障坝体结构整体施工的效果。

2.土方填筑施工注意事项

在土方填筑施工过程中加强施工安全、加大质量管控力度，切实保障土方填筑结构的稳定性与承载力。在土方填筑施工期间还需要在施工现场建设临时围挡结构，提供更加稳定的施工环境。制订出的施工技术方案应当具备一定的可行性及经济适用性，合理规范施工流程，确保土方填筑施工工作规范化开展。

为从根本上提升建筑工程土方填筑施工水平，在工程具体实施过程中还应当遵循就近原则及综合性原则。结合建筑工程土方填筑施工要求，缩短土方填筑材料运行时间，防止在施工时出现较为严重的资源浪费问题。在土方填筑技术应用过程中，还需要着重分析建筑工程周边河流走向、建设场地地质条件水流实际冲击力等情况，对现有建筑工程土方填筑施工技术方案进行不断完善及优化。

在土方填筑工程施工工作开展过程中,使用土方填筑技术手段,施工人员还需要确保施工后的土方填筑结构,能够满足水利工程安全可靠的运营要求,从根本上提升土方填筑结构的抗冲击能力以及防渗能力。要求土方填筑结构还需要符合生态环境保护目标,最大限度地提升施工材料利用率,以提高土方填筑施工质量与效率。

在建筑工程施工期间使用土方填筑施工技术,需要制订出的土方填筑施工方案能够严格遵循现行国家规定,使土方填筑结构能够在防洪抗灾中发挥出重要作用。结合工程施工需求,确定使用土方填筑施工结构级别以及施工重点。着重选择适宜的土方填筑材料、明确土方填筑施工期间的实际要求。评估不同土方填筑材料应用效果,可使用先进的三维建模技术模拟土方填筑施工流程,评估土方填筑结构的安全性及稳定性。

着重分析土方填筑施工前期准备、施工技术实际应用情况,建立健全专项可行的管理机制,使土方填筑施工工作能够安全有序地开展。在土方填筑施工准备环节需要结合地质勘查资料完成平面图设计工作,注重修建土方填筑场,合理安排土方填筑施工流程,有效降低土方填筑施工对周边生态环境造成的不利影响。在工程土方填筑结构布置过程中,还需要结合后续基坑开挖要求,遵照现有地形地貌特征,选择适宜位置开展土方填筑施工工作,例如将土方填筑结构放置在建筑工程下游碾压处的适宜位置。

(三)建筑工程土方填筑管理措施

确保土方填筑施工工作安全高效开展,从根本上提升土方填筑的承载力及稳定性,工程管理人员还需要落实安全管理制度,进一步提升安全管控效果。结合建筑工程具体施工要求优化施工技术方案。落实施工图纸及施工方案的审核,校验施工计量设施,把控各环节安全管理工作。

为使土方填筑能够在保障水利工程基础结构承载力、延长工程全生命周期中发挥出重要作用,管理部门还需要优化管理流程,培养施工人员安全意识以及施工专业水平。配合使用各项人员激励对策落实各项安全管理标准,以确保施工期间的安全隐患问题能够得到有效控制。

在土方填筑管理工作开展过程中,管理部门还需要严格遵循施工组织内容,控制施工进度,结合施工现场具体情况绘制施工平面图,确保各材料及施工设备均能够摆放在适宜位置。着重检查入场后施工材料及施工设备的各项性能,学习施工设备的正确操作方式,为后续施工工作安全高效开展奠定坚实基础。安全生产管理部门需要肩负起监督职责,以确保施工人员能够正确佩戴安全帽及安全带。在重点区域设置警示标识,禁止非施工人员进入施工现场。

建筑工程土方填筑较为复杂,具体过程中涉及的工序种类多,施工周期更长,具体实施期间会受到各类不利因素影响。加强建筑工程土方填筑施工全过程精细化管理力度,能够进一步增强土方填筑施工管理效果,切实保障工程建设期间的综合效益。

基于施工情况,对土方填筑施工管控理念进行切实优化,增强土方填筑施工全过程的经济效益。要求建筑工程管理能够积极服务于社会经济发展,秉持精益求精的工作态度,将建筑工程土方填筑施工规范化管理作为工程实施重点内容。加大专业人员的行为管控力度,确保施工管理职责能够落实到个人,及时解决存在于土方填筑施工期间的安全事故,使工程能够依照既定施工标准高质高效开展。

切实提高施工人员安全意识,在编制项目土方填筑施工管理计划过程中明确各工作人员的管理职责,施工单位需要定期实施安全培训工作,加强实践与理论的结合性,列举土方填筑施工期间可能出现的各项安全隐患。做好施工技术的考核,明确安全防护规则。加大培训考核管理力度,通过实施教考分离方式,进一步增强施工人员专业素质。总而言之,为从根本上提升建筑工程土方填筑施工水平,确保土方填筑工作高质高效开展,施工部门需要结合具体施工要求,不断优化填筑施工流程。加大填筑材料管控力度,在填筑环节落实各项管控责任制,以确保填筑施工工作能够延长建筑工程全寿命运行周期,提升建筑工程实际运行水平,推动地区水利事业平稳高效发展。

五、 常见质量问题与防治

（一）土方工程冬期施工问题与防治

土方工程冬期施工前应做好准备工作，并应连续施工。在施工前要注意以下几点。

1. 注意土壤的防冻与保温

对于大面积的土方工程宜采用翻松耙平法施工。在拟施工的部位应将表层土翻松耙平，其厚度宜为 250～300mm。对于开挖面积较小的基槽(坑)，宜采用炉渣、锯末、刨花、草帘、膨胀珍珠岩等保温材料进行覆盖，保温材料可采用袋装。对挖好的较小的基槽(坑)可搭设保温暖棚，在棚内采取供暖措施。

2. 注意冻土的融化

工程量小的工程可选用刨花、锯末、谷壳、树皮等可燃废料进行烟火烘烤。当热源充足、工程量较小时，可采用蒸汽融化法。当电源充足、工程量不大时，可采用电热法融化冻土。融化冻土时应按开挖顺序分段进行，每段土方量应与当天挖放量相适应。

3. 施工时还要注意一些技术措施

冬期宜选用排桩和土钉墙进行基坑支护。采用液压高频锤法施工的型钢或钢管排桩基坑支护工程。锚杆注浆的水泥浆配置宜掺入适量的防冻剂。严寒地区土钉墙混凝土面板下宜铺设 60～100mm 厚聚苯乙烯泡沫板。做好必要的冬施记录。

(二)土方工程雨期施工问题与防治

雨期施工土方开挖工作面不宜过大,应逐段、逐片、分层施工。开挖时应考虑边坡稳定,雨期施工基坑(槽)的边坡坡度应比常规施工时适当减缓,并根据土质情况采用适宜的坡面覆盖保护措施;如条件限制,不能保证放坡时,应采取支护措施。

基坑周围坡顶应做散水及挡水堤,四周做混凝土路面,以保证施工现场水流畅通,不积水,周边地区不倒灌;基坑内宜沿四周挖砌排水沟,设集水井,泵抽至市政排水系统。排水沟设置在基础轮廓线以外离开坡脚 ≥ 0.3m,集水井宜设置在基坑阴角附近;排水设备优选离心泵,也可选用潜水泵。

基坑采取多级放坡开挖时,宜在分级平台上设置排水沟。

为防止雨水冲刷桩间土,随着土方开挖,需及时维护桩间土,并注意坑内降雨积水可能会对成桩机械底座下的土层形成浸泡,从而影响到成桩机械的稳定性及桩身的垂直度。

对土钉墙、锚杆施工时,应注意防止雨水稀释拌制好的水泥浆。强度未达要求前,应注意雨水冲刷对锚杆及土钉的影响,并及时采取有效的补救措施。

坑边弃土或堆放材料、施工机械、运输车辆等不应大于基坑的设计荷载,与坑边的距离不应小于基坑的设计要求;挖土机械停放位置要停在安全处;降雨时要随时检查支撑和边坡情况。

土方工程施工前,需做好充分的准备工作,一旦开始挖土,就应抓紧连续进行;土方开挖至设计标高,要及时进行下道工序的施工,防止曝晒和雨水浸刷破坏地基上的原状土。当下道工序不能马上跟进时,应在坑底预留 300mm 厚的土层,待下道工序施工前再挖除。

暂时存放在现场的回填土料,下雨时用塑料布覆盖防雨。雨期加密对基坑的监测周期,确保基坑安全。

基础垫层和回填土施工前,坑、槽内积水应预先排出;回填过程中如遇雨,用塑料布覆盖,防止雨水淋湿已夯实的部分;雨后回填前认真做好填土含水率测试工作,含水率较高时将土铺开晾晒,待含水率测试合格后方可回填。

灰土垫层施工时,要做到随筛、随拌、随运、随铺、随夯(压);素土垫层要做到随铺、随夯(压),尽可能避免隔日夯(压)。

第 二 章

地基处理与基础工程

　　万丈高楼平地起,基础必须铸坚固。在建筑工程、桥梁工程等工程中,地基是最基础的形式之一,在我国应用非常广泛。当前,地基取代了传统的形式,大大提升了基础建造的效率与水平。地基工程在各个领域中的作用越来越凸显,且呈现了繁荣发展的局面。本章就对地基处理与基础工程进行分析,以加强理论性,也使得以后的地基工程更加经济、安全,施工也更加环保、方便。

一、 地基加固处理

（一）地基加固处理的方法

1.深层搅拌法

所谓深层搅拌法,即用于处理淤泥以及淤泥质土、粉土等含水量较高,并且地基承载力标准 ≤ 120KPa 的黏性土等地基,其施工流程具体分析如下。

（1）就位

起重机将深层搅拌机悬吊到指定位置,让水泥喷浆口对准恰当的桩位,但是要保证导向架与地面是垂直的角度。

（2）预搅下沉

将搅拌机电机启动,并将起重机钢丝绳放松,这样搅拌机在自重和转动力矩的作用下会沿着导向架一边搅拌,一边下沉,下沉的速度可以进行控制。

（3）配置水泥浆

当深层搅拌机下沉到规定的深度之后,应该根据设计来配置水泥浆,之后再通过过滤网倒入集料斗中。

（4）喷浆搅拌提升

当深层搅拌机下沉到规定的深度之后,也应该将灰浆泵打开,将水泥浆注入地基中,这时需要一边喷浆,一边旋转搅拌头,同时还应该根据相应的规定来提升速度与深度。

（5）重复搅拌下沉和喷浆提升

继续对（3）（4）两个步骤进行重复。当然，如果不能将水泥浆全部注入地基中，就需要再增加一次搅拌，直到全部注入地基中。

（6）清洗管路

根据气温以及注浆间隔的时间，应该对管路进行清洗，这样才能保证每一次注浆的顺利进行，避免发生管路堵塞。

2.砂石桩法

所谓砂石桩法，又可以称为碎石桩法，这一方法是运用砂石桩挤密素填土和杂填土，使地基更有耐力性。一般来说，砂石桩可以采用两种方法进行施工。

（1）振动法

这一方法又可以分为两种：一种是湿法作业，另一种是干法作业。前者适合在黏粒含量＜10%的松砂地基，适用于不排水抗剪强度＞20kPa的黏性土、粉土和人工填土等地基。后者则适用于松散的非饱和粘性土、素填土等地基。

（2）重锤夯实法

这一方法是将桩管置于规定的桩位上，管内填1m左右的碎石，然后用吊锤对桩位进行锤击，以夯实桩位，然后依靠碎石与桩管二者之间的摩擦，将桩管置于规定好的深度，最后分段向管内投料，然后将桩管上提，直到完全拔出，这就是碎石桩的形成。

（二）常用基坑支护结构的适用性

一个完成的基坑支护体系一般包括两个部分：一是围护结构，二是支锚系统。另外，在有些情况下还会在围护结构外设置一个止水帷幕。一般来说，基坑支护结构可以运用如下几种方法。

1. 放坡开挖

放坡开挖是最简单、经济的方法,一般用于浅基坑的开挖中,并且要求在基坑的周围没有距离较近的管线,有着宽裕的工程用地。如果采用多级放坡,应该要保证各级边坡的稳定以及整体的稳定,并且坡间平台的宽度要大于 3m。如果基坑开挖较深,但是仍旧想采用放坡开挖的方式,或者现场土壤条件较差,这时候可以采用钢筋混凝土、水泥砂浆等来护坡,这样才能保持整体的稳定性。

2. 土钉墙

土钉墙技术在国内应用比较广泛,这是因为其施工具有便捷性,且费用低廉。这一方法是通过将土钉密集插入土体中,从而保证整体的稳定,并且在土体表面会添加一层钢筋混凝土面层进行支护。当然,一些工程可能不单单采用一种土钉墙的方式,这时土钉墙可以与微型桩、锚杆等结合起来。

3. 重力式水泥土墙

重力式水泥土墙是将水泥搅拌桩进行连接,从而构成重力挡墙,这一方法往往在淤泥质土这种软弱土存在的地区应用较为广泛。最大的优点就是费用低廉,但是其也有明显的缺点,即很难控制施工质量,且工期也会很长。在深基坑工程中,一般不会作为优先考虑的方式。

4. 地下连续墙

地下连续墙是将止水防渗、挡土和承重结合在一体的一种方式,按照施工手段,可以将其分为两大类:一种是预制,另一种是现浇。前者是将预先浇筑而成的墙段直接插入现场已经设定好的槽段中,在墙段之间现浇筑一个钢筋混凝土接头,构成地下连续墙,这样做可以大大减少工期,同时也节省材料。后者是用传统的现场浇筑方式,一般会挖一段浇筑一段,槽段有壁板式、T 形和 π 形等多种形式,可以根据施工情况,将各种形式的槽段加以组合,形成筒形或者格形等形式的地下连续墙,如图 2-1 所示。这一形式刚度大且防水性能好,因此安全性极高。

5.悬臂式围护结构

悬臂式围护结构是单独依靠围护结构插入土中的嵌固作用,对自身稳定进行支护的一种结构形式。其包括以下几种形式。

(1)拉森钢板桩

拉森钢板桩又被称为 U 形钢板桩,指的是将带有钳口的型钢插入到土体之后,依靠钳口之间进行咬合来形成连续的墙体,如图 2-2 所示。这种施工方式比较方便、耐力好,而且具有一定的止水能力,与当今的环保理念相符合,在绿色施工中非常常见。

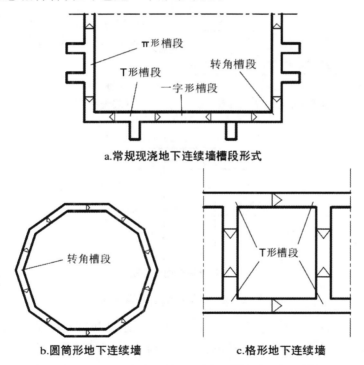

图 2-1　现浇地下连续墙的槽段形式与结构形式

图2-2 钢板桩围护墙平面示意图

（2）钻孔灌注桩

与搅拌桩不同,钻孔灌注桩是用现浇的方式来浇筑钢筋混凝土桩,而将钻孔灌注桩按照柱列式进行排列,形成桩墙,并将其作为基坑的围护。一般来说,桩墙的布置形式主要有三种(见图2-3)。

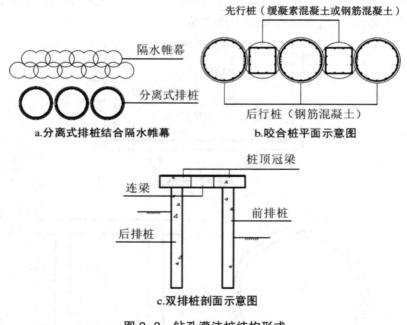

图2-3 钻孔灌注桩结构形式

分离式排桩是最简单、最常用的形式。如果基坑对围护结构的控制变形能力有着较高要求的时候,可以设置成前后双排桩,并在顶部用横向连梁进行连接,从而构成双排门架式挡土结构,这与单排桩相比,有着较强的控制变形能力,但是对场地的要求也非常明显。如果受场地的影响,不能够在排桩外另外增设隔水帷幕,这时候就可以选择采用咬合式排桩。这一方法是将缓凝素混凝土桩与钢筋混凝土桩进行间隔布置,缓凝素混凝土桩进行柱列式布置时,相邻桩的间隔要比后排的钢筋混凝土桩桩径要小。

6.板式支护体系

板式支护体系是由围护结构与内支撑系统相结合构成的一种支护体系,典型的板式支护体系如图2-4所示。内支护系统即锚杆系统在软土地区的规定较为严格,如果场地内存在软土层,一般无法使用锚杆系统。

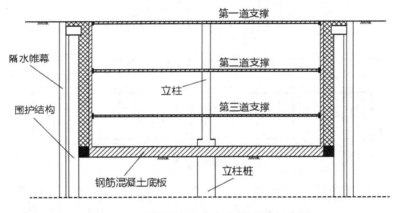

图2-4 围护结构结合内支撑系统示意图

二、 预制桩施工

(一)预制桩的施工

1.混凝土预制方桩的制作及接桩

混凝土预制桩一般可以在施工的过程中进行预制。图2-5为其构造示意图。现场重叠法的制桩程序如下:制作场地压实整平→场地地坪浇筑混凝土→支模→绑扎钢筋骨架、安装吊环→灌注混凝土→养护至 30% 强度拆模→支间隔头模板、刷隔离剂→绑钢筋、灌注间隔桩混凝土→养护至 30% 强度拆模→再支上层模，同法间隔制桩→养护至 70% 强度起吊→达 100% 强度后运输、堆放。

如果桩的设计尺度比较大，受到运输条件的限制，往往会分段制作，然后分节将其打入土体之中，在沉桩现场进行连接。一般来说，焊接法、机械快速连接法都是常用的混凝土预制桩的接桩方法（见图 2-6 ）。

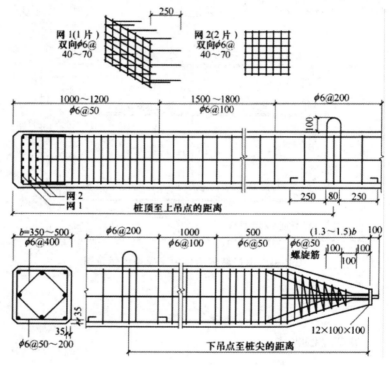

图 2-5　预制混凝土方桩构造示意图[①]

2. 预应力混凝土管桩的制作及接桩

根据施加预应力方法的不同，预应力混凝土管桩一般可以分为先张法和后张法两种方法，而先张法在国内应用比较广泛。

预应力混凝土管桩沉入土体中的第一节桩被称作底桩，而在底桩都

① 姚笑青.桩基设计与计算 [M].北京：机械工业出版社，2014.

需要设置桩尖,桩尖的形式有开口形式,也有闭口形式。其中开口形式的管桩沉桩后,桩身下部的内腔会逐渐被土体填埋起来,这样可以降低挤土作用(见图2-7)。

图 2-6　施工现场的混凝土管桩

图 2-7　预应力混凝土桩

3.钢管桩制作与接桩

一般而言,钢管桩往往由厂家生产的螺旋焊接管,一般是 Q235 材料。当然也有一些并不是大批量生产的钢管桩,由平板卷制成钢管单元之后再进行焊接而成,长度在 10 ~ 15m。钢管桩主要的接桩形式就是焊接,因此需要保证焊接的条件,这样才能保证工程的质量(见图 2-8)。

图 2-8 钢管桩

(二)混凝土预制桩施工

1. 桩的起吊

在桩的起吊过程中,一个关键的问题就是失衡问题,因此应该采用一定的方法保证起吊的平稳度。对于那些排列比较紧密并且存在重叠的预制方桩,在起吊的时候需要将各个桩分开,避免因为彼此之间存在粘结力而在起吊时造成损害。

另外,在起吊的时候,应该保证吊点位置和数量的合理性。一般来说,单节桩长 ≤ 17m 时需要设置两个吊点,单节桩的长度在 18 ~ 30m 时一般需要设置三个吊点,单节桩长 > 30m 时需要设置四个吊点。如果吊点数量不超过三个,这时候应该按照正负弯矩相等的原则来对其位置进行设置,如果超过了三个,那么就应该按照反力相等的原则对其位置进行设置(见图 2-9)。

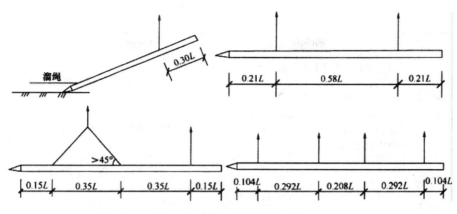

图 2-9　预制方桩吊点位置

2.常见问题及解决方法

在预制桩施工的时候难免会发生一些问题,如果遇到这些问题,应该对其原因进行综合分析,并找到恰当的方式进行解决。表 2-1 为预制桩施工中常见的问题及解决方法。

表 2-1　预制桩施工中常见的问题及解决方法

问题	可能产生的原因	解决方法
桩顶碎裂	(1)桩端持力层很硬,且打桩总锤击数过大,最后停锤标准过严; (2)施打时桩锤偏心锤击; (3)桩顶混凝土有质量问题	(1)应按照制作规范要求打桩; (2)上部取土植桩法; (3)对桩顶碎裂桩头重新接桩
桩身断裂	(1)接桩时接头施工质量差引起接头开裂,脱节; (2)桩端很硬,总锤击数过大,最后贯入度过小; (3)桩身质量差; (4)挖土不当	(1)打桩过程中桩要竖直; (2)记录贯入度变化,如突变则可能断桩; (3)浅部断桩挖下去接桩,深部断裂则要补打桩
桩顶位移	(1)先施工的桩因后打桩挤土偏位; (2)两节或多节桩在施工时,接桩不直,桩中心线呈折线形,桩顶偏位; (3)基坑开挖时,挖土不当或支护不当引起桩身倾斜偏位	(1)施工前探明处理地下障碍物,打桩时应注意选择正确打桩顺序; (2)在软土中打密集群桩时应注意控制打桩速度和节奏顺序; (3)控制桩身质量和承载力

续表

问题	可能产生的原因	解决方法
桩身倾斜	（1）先打的桩因后打桩挤土被挤斜； （2）施工时接桩不直； （3）基坑开挖时，或边打桩边开挖，或桩旁堆土，或桩周土体不平衡引起桩身倾斜	（1）在打桩中应注意场地平整、导杆垂直，稳桩时，桩应垂直； （2）在桩身偏斜反方向取土后扶直； （3）检测桩身质量和承载力
桩身上浮	先施工的桩因后打桩挤土上浮	（1）打桩时应注意选择正确打桩顺序； （2）控制打桩速率和节奏顺序； （3）上浮桩复打、复压
桩急剧下沉	桩的下沉速度过快，可能是因为遇到软弱土层或是落锤过高、桩接不正而引起的	施工时应控制落锤高度，确保接桩质量。如已发生这种情况，应拔桩检查，改正后重打，或在原桩旁边补桩

三、 灌注桩施工

（一）灌注桩的施工

灌注桩是直接在预设好的桩位上进行打孔，之后在孔内放置钢筋笼，然后再浇灌混凝土的一种方式。

1.钻（冲）孔灌注桩

钻（冲）孔灌注桩指的是运用钻机钻土打孔，之后将孔底的残渣清除，放置好钢筋笼，再浇灌混凝土成为灌注桩。钻孔灌注桩构造示意图（见图 2-10）。

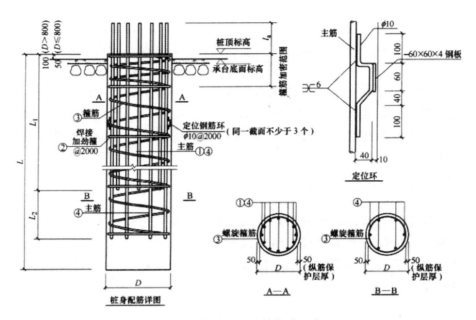

图 2-10　钻孔灌注桩的构造示意图

注：图中 l_a 表示桩主筋铆入承台内的锚固长度,承压桩不小于钢筋直径的 35 倍,抗拔桩不小于钢筋直径的 40 倍。

其施工程序如图 2-11 所示,主要分为四步,即成孔→沉放钢筋笼 →导管法浇灌水下混凝土→成桩。

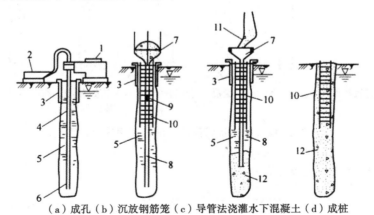

（a）成孔（b）沉放钢筋笼（c）导管法浇灌水下混凝土（d）成桩

图 2-11　钻(冲)孔灌注桩施工程序示意图

注：1—钻机；2—泥浆泵或高压水泵；3—护筒；4—钻杆；5—泥浆；6—钻头； 7—料斗；8—导管；9—隔水栓；10—钢筋笼；11—混凝土输送装置；12—混凝土。

2.沉管灌注桩

沉管灌注桩是运用锤击法或者振动法,将带活瓣桩尖的钢套管或桩位置于钢筋混凝土预制桩尖的钢套管沉入土中成孔,之后再放入钢筋笼,同时一边浇灌混凝土,一边用卷扬机将钢套管予以拔出构成灌注桩。

(1)锤击沉管灌注桩

锤击沉管灌注桩的施工过程可综合为:安放桩靴→桩机就位→校正垂直度→锤击沉管至要求的贯入度或标高→测量孔深并检查桩靴是否卡住桩管→下钢筋笼→灌注混凝土→边锤击边拔出钢管。工艺过程如图2-12所示。

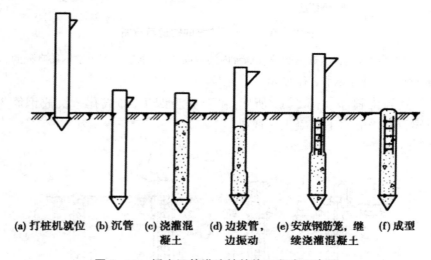

| (a) 打桩机就位 | (b) 沉管 | (c) 浇灌混凝土 | (d) 边拔管,边振动 | (e) 安放钢筋笼,继续浇灌混凝土 | (f) 成型 |

图2-12 锤击沉管灌注桩的施工程序示意图

(2)振动沉管灌注桩

振动沉管施工法的施工程序,可总结如下:桩机就位→振动沉管→灌注混凝土→安放钢筋笼→拔管、灌注混凝土→成桩。施工程序如图2-13所示。

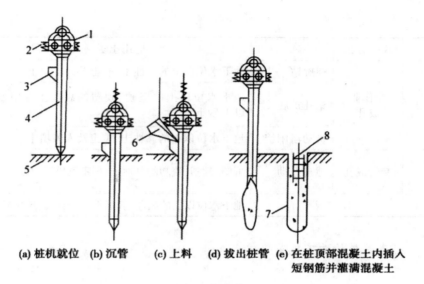

(a) 桩机就位 (b) 沉管 (c) 上料 (d) 拔出桩管 (e) 在桩顶部混凝土内插入
短钢筋并灌满混凝土

图 2-13　振动沉管灌注桩施工程序

注：1—振动锤；2—加压减振弹簧；3—加料口；4—桩管；5—活瓣桩尖；6—上料斗；7—混凝土桩；8—短钢筋骨架。

（二）混凝土灌注桩施工

1.灌注桩成孔方法

灌注桩的成孔方法如表 2-2 所示，其中还介绍了具体的适用范围。

表 2-2　灌注桩适用范围

	成孔方法		适用土类
1	泥浆护壁成孔	冲抓	碎石土、砂土、黏性土及风化岩
		冲击	
		回转钻	黏性土、淤泥、淤泥质土及砂土
		潜水钻	

	成孔方法		适用土类
2	干作业成孔	螺旋钻	地下水位以上的黏性土、砂土及人工填土
		钻孔扩底	地下水位以上的坚硬、硬塑的黏性土及中密以上砂土
		机动洛阳铲	地下水位以上的黏性土、黄土及人工填土
3	套管成孔	锤击振动	可塑、软塑、流塑的黏性土,稍密及松散的砂土
4	爆扩成孔		地下水位以上的黏性土、黄土、碎石土及风化岩

2. 灌注桩的施工规范要求

（1）垂直度

《建筑桩基技术规范》（JGJ94—2008）与《建筑地基基础工程施工质量验收规范》（GB50202—2002）对灌注桩成孔施工的允许偏差的规定均应满足表 2-3 的要求。

表 2-3　灌注桩成孔施工允许偏差

成孔方法		桩径偏差（mm）	垂直度允许偏差（%）	桩位允许偏差 /mm	
				1～3 根桩、条形桩基沿垂直轴线方向和群桩基础中的边桩	条形桩基沿轴线方向和群桩基础的中间桩
泥浆护壁钻、挖、冲孔桩	d ≤ 1000mm	≤ − 50	1	d/6 且不大于 100	d/4 且不大于 150
	d > 1000mm	− 50		100+0.01H	150+0.01H
锤击(振动)沉管振动冲击沉管成孔	d ≤ 500mm	− 20	1	70	150
	d > 500mm			100	150
螺旋钻、机动洛阳铲干作业成孔灌注桩		− 20	1	70	150

续表

成孔方法		桩径偏差（mm）	垂直度允许偏差（%）	桩位允许偏差/mm	
				1～3根桩、条形桩基沿垂直轴线方向和群桩基础中的边桩	条形桩基沿轴线方向和群桩基础的中间桩
人工挖孔桩	现浇混凝土护壁	±50	0.5	50	150
	长钢套管护壁	±20	1	100	200

注：①桩径允许偏差的负值是指个别断面。

②H 为施工现场地面标高与桩顶设计标高的距离；d 为设计桩径。

（2）孔底沉渣（虚土）

《建筑桩基技术规范》（JGJ94—2008）中规定：灌注混凝土之前孔底沉渣厚度指标规定端承桩灌注桩成孔底沉渣施工的允许偏差应满足表 2-4 的要求。

表 2-4　灌注桩成孔底沉渣允许偏差

桩型	沉渣厚度允许值
端承桩	≤ 50mm
摩擦桩	≤ 100mm
抗拔、抗水平力桩	≤ 200mm

3.钢筋笼的加工

钢筋笼的加工规范要求：钢筋采用 HPB235、HRB335 级钢筋，其质量应符合《钢筋混凝土用钢第 1 部分：热轧光圆钢筋》（GB1499.1—2008）、《钢筋混凝土用钢第 2 部分：热轧带肋钢筋》（GB1499.2—2007）及相关规范的规定（见表 2-5）。

表 2-5　钢筋笼制作允许偏差

项目	允许偏差 /mm
主筋间距	± 10
箍筋间距	± 20
钢筋笼直径	± 10
钢筋笼长度	± 100

4.混凝土的灌注

灌注桩混凝土往往在水下进行浇筑,因此对混凝土的配合比有着较高的要求,浇灌的方法也非常有特色(见表 2-6)。

表 2-6　混凝土灌注要求

项目	要求	检查方法
混凝土坍落度	水下灌注宜为 180 ～ 200mm 干作业宜为 70 ～ 100mm	坍落度仪
桩顶混凝土灌注高度	至少高出桩顶设计标高 0.5m	测绳
混凝土充盈系数	＞1	计量实际灌注量
混凝土试件留取数量	单桩混凝土体积 V25m³ 时,每根桩留 1 组试件(3 件)单桩混凝土体积 ≤ 25m³ 时,每个灌注台班留 1 组试件(3 件)	标准试件模具
混凝土强度	设计要求	试件报告或钻芯取样
组骨料粒径	不大于钢筋最小净间距的 1/3,水下灌注时且应小于 40mm	检验报告

(三)常见混凝土灌注桩施工

1.长螺旋压灌桩施工

长螺旋钻孔压灌桩成桩是运用长螺旋钻机打孔,打到规定的深度之后,将钻机提起来,同时通过钻杆中心导管将混凝土灌注其中,当灌注完混凝土之后,需要运用插筋器和振动锤将钢筋笼置于混凝土桩中,这就完成了混凝土灌注桩的施工。长螺旋压灌桩施工工艺可用图 2-14 表示。具体施工工艺如下。

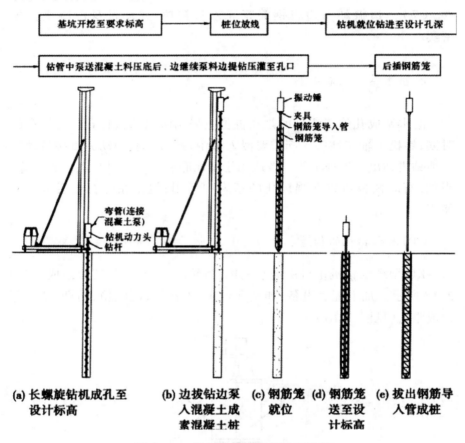

图 2-14　长螺旋成桩工艺施工流程

（1）将螺旋钻机置于规定位置。

（2）将马达钻孔打开直到预定的标高。

（3）将混凝土搅拌好之后,需要使用混凝土泵通过按压钻杆内管将其压到钻头底端,在对混凝土进行按压的同时拔掉钻杆内管,这样素混凝土桩就制成了。

（4）将钢筋笼与钢筋笼导入管进行连接,然后起吊到素混凝土桩设定的桩孔中。

（5）将振动锤起吊到钢筋笼顶，通过振动锤下的夹具将钢筋笼导入管夹住。

（6）将振动锤启动，通过钢筋笼导入管将钢筋笼输送到桩身混凝土内设定的标高。

（7）一边振动一边将钢筋笼导入管拔掉，并使桩身混凝土振捣密实。

2.潜水钻成孔灌注桩

潜水钻成孔施工法指的是在桩位上采用潜水钻机打孔。在钻孔的时候，钻机主轴与钻头一起需要浸入水中，通过孔底的动力直接带动钻头地钻进钻出。这种工艺一般适用于淤泥底层、填土底层、黏土底层等。当然，有时候也可以在强风化的基岩中运用，但是在碎石土层一般不使用。

（1）潜水钻机的构造.

KQ 型潜水钻机主机由潜水电机、齿轮减速器、密封装置组成，如图 2-15 所示。加上配套设备，如钻孔台车、卷扬机、配电箱、钻杆、钻头等组成整机（见图 2-16）。

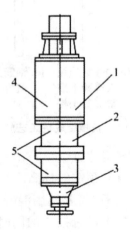

图 2-15　充油式潜水电机

注：1—电动机；2—行星齿轮减速器；3—密封装置；4—内装变压器油；5—内装齿轮油。

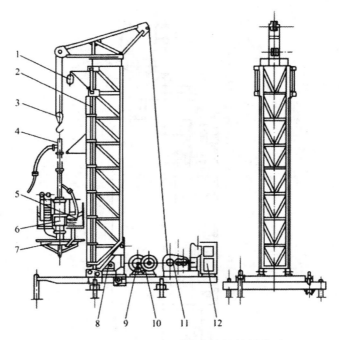

图 2-16 3KQ2000 型潜水钻机整机外形

注：1—滑轮；2—钻孔台车；3—滑轮；4—钻杆；5—潜水砂系；6—主机；7—钻头；8—副卷扬机；9—电缆卷筒；10—调度绞车；11—主卷扬机；12—配电箱。

①潜水钻主机

潜水钻机和行星减速箱均为中空结构，其内有中心送水管。整个潜水钻主机在工作状态时完全潜入水中，钻机能否正常耐久地工作，主要取决于钻机的密封装置是否可靠。图 2-17 为潜水钻主机构造示意图。

②轻型钻杆

轻型钻杆采用 8 号槽钢对焊而成，每根长 5m，适用于 KQ-800 钻机；其他型号钻机应选用重型钻杆。

③钻头

在不同类别的土层中钻进应采用不同形式的钻头，常见的钻头有笼式钻头、镶焊硬质合金刀头的笼式钻头、筒式钻头等（见图 2-18）。

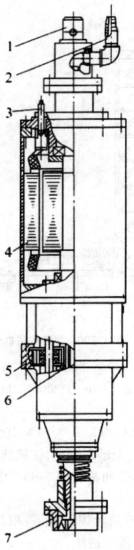

图 2-17　潜水钻主机构造示意图

注：1—提升盖；2—进水管；3—电缆；4—潜水钻机；5—行星减速箱；6—中间进水管；7—钻头接箍。

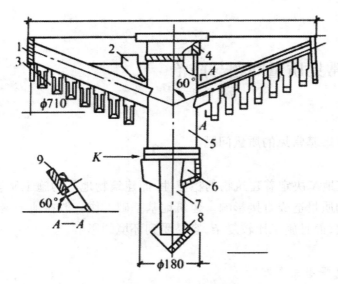

图 2-18　笼式钻头（孔径 800mm）

注：1—护圈；2—钩爪；3—腋爪；4—钻头接箍；5、7—岩芯管；6—小爪；8—
钻尖；9—翼片。

（2）施工工艺

①设置护筒。
②安放潜水钻机。
③钻进。
施工程序示意见（图 2-19）。

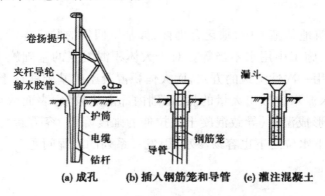

图 2-19　潜水泵成孔灌注桩施工示意

四、常见质量问题与防治

（一）地基常见的质量问题

建筑地基决定着建筑物的稳定性，而建筑物地基的施工质量则会对建筑基础质量造成直接影响。建筑地基基础工作一般在地下展开，往往难度较大，而且施工比较复杂，容易受到环境的影响。

1.沉降事故多发

建筑地基不均匀会导致出现沉降问题，而且沉降超过最大沉降差，就会导致墙体开裂，严重的时候还会导致建筑物的倾斜，对整个建筑的安全造成影响。目前，造成地基沉降的原因主要有三种。

第一，技术人员未了解地质情况，甚至未注意到土层分布的情况。

第二，存在不全面施工情况，导致一些土质存在较大的差异。

第三，对于地基的基础处理方式较为粗暴，未达到良好的控制效果。

2.不合理施工工序

在建筑地基施工中，缺乏合理性，如基坑回填的顺序弄错、施工中填土不均匀、施工中用水不当等。对于大体积混凝土的基础施工，施工人员往往采用一次性浇筑的方式，而大体积混凝土的基础就在于浇筑的时候，由于水泥水化散出大量的热，基础内部散热较慢，表面散热较快，这时候就会形成温差，导致混凝土抗拉伸的强度降低，容易断裂。如果基础位于地下水位之下也容易渗水，引发一系列的工程问题。

（二）地基质量问题的防治

1. 制订合理勘察设计方案

保证建筑施工质量的前提就在于合理勘察地基工程，充分分析地质条件。施工现场的勘探点必须与要求相符合，这样才能对地基土的类别、土层的分布等有充分的了解。根据勘察报告设计方案，要充分考虑地基土壤的质量、地下水位可能发生的变化等因素，并考虑周边已有建筑的布局情况，这样才能制订合理的设计方案。

2. 制订合理施工技术方案

要制订合理的施工技术方案，具体要做到以下两点。

第一，要重视基坑验槽的方式，即在施工中，应该采用合理的方式对地基进行处理，并在对基坑支护进行控制的基础上保证检测的准确性。

第二，确定合适的支护方案，即在开挖基坑时需要确定支护方案，避免出现坍塌。

第 三 章

砌体工程

砌体工程指的是在建筑工程中,运用普通黏土砖、承重黏土空心砖、蒸压灰砂砖、粉煤灰砖、各种中小型砌块和石材等材料进行砌筑的工程。主要包括:砌砖、石、砌块及轻质墙板等内容;砌砖、砌石、砌块、砖砌体对砌筑材料的要求;组砌工艺和质量要求以及质量通病的防治措施。本章主要阐述砌体工程方面的相关内容。

一、 砌筑材料

砌体主要由块材和砂浆组成。其中,砂浆作为胶结材料将块材结合成整体,以满足正常使用要求及承受结构的各种荷载。因此,块材和砂浆的质量是影响砌体质量的首要因素。

(一)块材

块材分为砖、石及砌块三大类。

1.砖

根据使用材料和制作方法的不同,砌筑用砖可分为以下几种。

(1)烧结普通砖

烧结普通砖是以黏土、页岩、煤矸石、粉煤灰为主要原料,经过焙烧而成的实心或孔洞率不大于15%的砖。其规格为240mm×115mm×53mm。

烧结普通砖按力学性能分为MU7.5、MU10、MU15和MU20四个强度等级。

(2)蒸压灰砂砖

蒸压灰砂砖是以石灰和砂为主要原料,经坯料制备、压制成形、蒸压养护而成的实心砖。规格为240mm×115mm×53mm。

按力学性能分MU10、MU15、MU20和MU25四个强度等级。

（3）烧结多孔砖

烧结多孔砖是以黏土、页岩、煤矸石为主要原料，经焙烧而成的承重多孔砖。其规格为：

代号 M：190mm×190mm×90mm;

代号 P：240mm×115mm×90mm。

烧结多孔砖的孔洞尺寸应符合表3-1的规定。

表3-1　烧结多孔砖孔洞规定

圆孔直径	非圆孔内切圆直径	手抓孔
≤ 22mm	≤ 15mm	30 ~ 40mm×75~85

烧结多孔砖根据力学性能分为 MU30、MU25、MU20、MU15、MU10、MU7.5 六个强度等级。

（4）烧结空心砖

烧结空心砖是以黏土、页岩、煤矸石为主要原料，经焙烧而成的非承重的空心砖（孔洞率大于35%）。烧结空心砖的长度有240mm、290mm；宽度有140mm、180mm、190mm；高度有90mm、115mm。烧结空心砖根据密度可分为800、900、1100三个密度级别，密度级别应符合表3-2的规定。

表3-2　烧结空心砖密度级别

密度级别	5块密度平均值（kg/m²）	密度级别	5块密度平均值（kg/m²）
800	≤ 800	1100	901 ~ 1100
900	801 ~ 900		

2. 石

砌筑用石分为毛石、料石两类。毛石又分为乱毛石和平毛石。乱毛石指形状不规则的石块；平毛石指形状不规则，但有两个平面大致平行的石块，毛石的中部厚度不小于150mm。

3. 砌块

（1）混凝土空心砌块

混凝土空心砌块是以水泥、砂、石和水制成的，有竖向方孔，其主规格为 390mm × 190mm × 190mm（见图 3-1）。

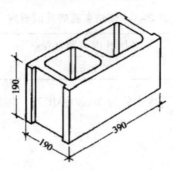

图 3-1 混凝土空心砌块

混凝土空心砌块按其力学性能分为 MU15、MU10、MU7.5、MU5、MU3.5 五个强度等级，按其外观质量分为一等品和二等品。

（2）加气混凝土砌块

加气混凝土砌块以水泥、矿渣、砂、石灰等为主要原料，加入发气剂，经搅拌成形、蒸压养护而成的实心砌块。加气混凝土砌块一般规格有两个系列。

A 系列：长度：600mm；宽度：75mm、100mm、125mm、150mm、175mm、200mm、275mm（以 25mm 递增）；高度：200mm、250mm、300mm。

B 系列：长度：600mm；宽度：60mm、120mm、180mm、240mm（以60mm 递增）；高度：240mm、300mm。

加气混凝土砌块按其力学性能分为 MU7.5、MU5、MU3.5、MU2.5、MU1 五个强度等级，按其表观密度分为：08、07、06、05、04、03 六个表观密度等级。按其表观密度、外观质量分为：优等品（A）、一等品（B）、合格品（C）（见表 3-3）。

表 3-3　加气混凝土砌块干表观密度

表观密度等级	砌块干表观密度不大于（kg/m²）		
	优等品（A）	一等品（B）	合格品（C）
03	300	330	350
04	400	430	450
05	500	530	550
06	600	630	650
07	700	730	750
08	800	830	850

（二）砂浆

1.砂浆强度

砂浆强度等级是以标准养护（温度 20±5℃及正常湿度条件下的室内不通风处养护）龄期为 28d 的试块抗压强度为准。砂浆强度等级分为 M15、M10、M7.5、M5、M2.5、M1、M0.4 七个等级。

2.砂浆的配合比设计

水泥砂浆、水泥混合砂浆的配合比设计按下列顺序进行。

（1）按砂浆设计强度等级及水泥标号计算每立方米砂浆的水泥用量（见公式 3-1）。

$$m_{c0} = \frac{1.15 f_m}{\alpha f_{ck}^0} \times 1000$$

式中，

m_{c0}——每立方米砂浆中的水泥用量（kg）。

f_m——砂浆强度等级（MPa）。

f_{ck}^0——水泥强度等级，相当于水泥标号的 1/10（MPa）。

α——调整系数，随砂浆强度等级与水泥标号而变化，其值列于表 3-4。

表 3-4 调整系数 α 值

水泥标号	砂浆强度等级				
	M10	M7.5	M5	M2.5	MI
	a 值				
525	0.885	0.815	0.725	0.584	0.412
425	0.931	0.855	0.758	0.608	0.427
325	0.999	0.915	0.806	0.643	0.450
275	1.048	0.957	0.839	0.667	0.466
225	1.113	1.012	0.884	0.698	0.488

（2）按求出的水泥用量计算每立方米砂浆的石灰膏用量（见公式 3-2）。

$$m_{p0}=350-m_{c0}$$

式中，m_{p0}——每立方米砂浆中的石灰膏用量（kg）。

（3）确定每立方米砂浆中砂的用量：含水率为 2% 的中砂和粗砂，每立方米砂浆中的用砂量为 $1m^3$。

（4）通过试拌，按稠度要求确定用水量。

（5）通过试验调整配合比：石灰膏用量一般按稠度 120±5mm 计量。现场施工时，如其稠度与配时不一致，应按表 3-5 换算，即计算的石灰膏用量乘以相应的换算系数。

表 3-5 石灰膏不同稠度时的换算系数

石灰膏的稠度	120	110	100	90	80	70	60	50	40	30
换算系数	1.00	0.99	0.97	0.95	0.93	0.92	0.90	0.88	0.87	0.86

二、 石砌体施工

毛石砌体是使用毛石和砂浆等砌筑而成的。毛石往往会使用乱毛石和平毛石构成，砂浆使用水泥砂浆或水泥混合砂浆，一般用铺浆法砌筑。灰缝厚度宜为 20 ~ 30mm,砂浆应饱满。

毛石砌体宜分皮卧砌,并应上下错缝,内外搭接。不得采用外面侧立石块,中间填心的砌筑方法。每日砌筑高度不宜超过 1.2m。在转角处及交接处应同时砌筑,如不能同时砌筑时,应留斜槎。

毛石砌体材料的断面有两种:阶梯形和梯形,具体如图 3-2 所示。根据图 3-2 可知,毛石基础的顶面宽度比墙面厚出 200mm,即两边分别宽出 100mm,其高度通常为 300 ~ 400mm,毛石砌体至少需要砌筑二皮。上一层阶梯的石块通常压砌下一级阶梯的二分之一。如果毛石是相互衔接的,相邻的毛石需要错缝搭建。在使用第一层石块时,下面需要使用水泥浆液,石块的大面在下面,在砌筑最上面一层石块时,应该选用较大的毛石来砌筑。在第一层、转角处、交接处、洞口处等地方都尽量使用较大的平面毛石来砌筑(见图 3-3 和图 3-4)。

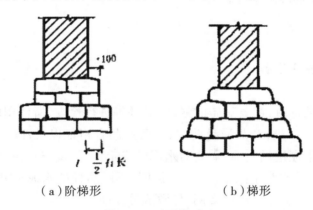

（a）阶梯形　　　　　　　　　（b）梯形

图 3-2　毛石基础

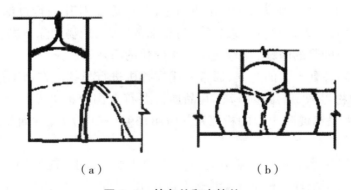

（a）　　　　　　　　　　（b）

图 3-3　转角处和交接处

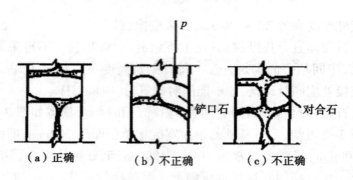

（a）正确　　　（b）不正确　　　（c）不正确

图 3-4　毛石墙砌筑

三、 砖砌体施工

（一）施工准备

施工准备时,需要对砖的强度、品种等进行检查,所使用的砖必须符合设计要求,符合产品质量要求,具备产品合格证以及性能方面的检测报告。在水泥进场之前,需要对水泥的安定性、强度、进行检测。在水泥进场以后,需要对不同批次、不同强度、不同品种的水泥分开储存,不可混在一起,更不能让水泥受潮,导致成分变质。

针对砖砌体,所使用的砌筑砂浆也有一定的要求,通常建筑工程上所使用的砂浆品质为中砂,在使用之前,还需要对其进行过滤,除去里面的杂物,工人通常将砂浆过筛,将里面的草根、杂物剔除干净。在配制水泥石灰砂浆的时候,切忌使用脱水硬化的石灰膏。

在制备黏土膏的时候,通常使用搅拌机进行搅拌。在施工过程中所使用的粉煤灰、磨细生石灰,其品质需要符合国家标准及行业标准,如《用于水泥和混凝土中的粉煤灰》（GB1596—2017）、《建筑生石灰粉》（JC/T480）。

砂浆用水的水质也需要达到一定的要求,否则不能使用。目前,砂浆用水的国家现行标准是《混凝土拌和用水标准》（JGJ63—2006）。

在砂浆中使用的配料也需要检测,只有检测合格了才可以掺入砂浆中,这些配料包括有机塑化剂、缓凝剂、早强剂、防冻剂等,其中,有机塑化剂还需要有砌体强度的检验合格报告。

在开始砌筑之前,根据施工组织所设计与要求的其他辅助设备要提前准备好,按时进场并安装完成,随时准备开工使用。这些设备主要包括以下几类。

(1)垂直运输设备。

(2)搅拌机械设备。

(3)搭设搅拌棚。

(4)安设搅拌机。

(5)脚手工具。

(6)砌筑工具,如线锤、皮数尺、托线板、靠尺等。

(7)磅秤。

(8)砂浆试模。

(二)施工工艺

砖砌墙体的施工通常包括抄平→放线→摆砖→立皮数杆→挂线→砌砖→勾缝→清理。

(1)抄平。在砌墙之前,首先需要做的是抄平。针对基础防潮层或楼面,需要对其进行标高,每一层都需要标高,同时使用 M7.5 水泥砂浆找平,或者可以使用 C10 细石混凝土替代找平,以确保每段砖墙底部的标高符合设计与检测要求。

(2)放线。在抄平之后,还需要对每一段墙体砌筑的具体位置进行确定。依据轴线桩上的轴线位置,或者龙门板上的轴线位置,确定墙体具体尺寸,在顶面上使用墨线弹出每段墙面的具体轴线与宽度线,同时确定出门窗洞口的位置线。如果是二层以上的墙面,则可以使用经纬仪、锤球来确定轴线的具体位置。

(3)摆砖。所谓摆砖,即在已经放置线条的基面上放上干砖来试验摆放,看其是否符合预定要求。这一步骤的目的是核对之前弹出的墨线在墙垛等地方是否符合砖的模数,尽量少一些砍砖现象,同时确保砌体缝隙的均匀、整齐,这一步骤有助于提高工人的砌筑效率。

(4)立皮数杆。在砌体工程中,皮数杆指的是一种木制标杆,这种标杆上刻有刻度,可以测量出每皮砖、砖缝的厚度,还可以测量出门窗洞口、板、过梁、梁底、预埋件等位置（见图3-5）。

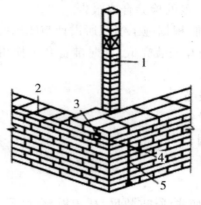

图 3-5　皮数杆示意图

注：1—皮数杆；2—准线；3—竹片；4—圆铁钉；5—挂线

（5）挂线。在砌筑过程中，为了确保砌体垂直、平整，在工作过程中必须挂通线。通常而言，二四墙往往单面挂线，三一墙、三一七墙往往挂双面线。

（6）砌砖。砌砖的具体方法有很多，在砌筑过程中，人们使用比较多的方法有"三一"砌砖法、满口灰法、挤浆法等。

（7）勾缝、清理。在砌墙完成后，还需要进行一道工序来保证墙面的整洁、平整，这道工序就是勾缝与清理。在对墙面进行勾缝时，需要做到横平竖直，勾缝的深浅也要保持一致。切忌出现丢缝、黏结不牢固、开裂等情况。通常情况下，砖墙的勾缝使用较多的是凹缝、平缝，凹缝的深度通常为 4 ~ 5mm。在完成勾缝工序之后，还需要对地面上的落灰进行打扫与清理。

四、 砌块砌体施工

（一）施工准备

砂浆适合选择专用的小砌块砌筑而成，砌块的龄期需要保证在 28 小时以上。混凝土空心砌块在进行砌筑的时候，不需要浇水，如果空气干燥，可以提前喷洒一些水来湿润混凝土砌块；轻骨料混凝土空心砌块可提前两小时浇水；加气混凝土砌块也应该适当浇水。

砌块禁止在雨天进行施工，砌块表面有浮水存在时也不适合进行砌筑工程。砌筑之前，应该考虑砌块的尺寸与灰缝的厚度，这样才能确定皮数和排数，对于加气混凝土砌块进行砌筑时，还应该由专业人员绘制砌块排列图，然后采用恰当的砌块进行砌筑。小型空心砌块的规格一般在 390mm×190mm×190mm，墙体的厚度等于砌块的宽度，立面砌筑的形式只能选择条砌法这一种方式，上皮竖缝与下皮竖缝相互错开 1/2 砌块长，上皮砌块与下皮砌块孔要保证对准。其构造如图 3-6 所示。

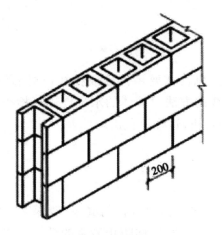

图 3-6　砌块的构造

（二）施工工艺

砌块在进行施工时，一般按照如下工艺流程，即铺灰→砌块就位→校正→勾缝与灌竖缝→镶砖。

1. 铺灰

砌块墙体采用的砂浆应该具有易和性，其稠度一般设置在 50 ~ 70mm 最佳。铺灰的时候应该保持平整与饱满，每次铺灰的长度不能超过 5m，如果天气炎热或者天气寒冷，在铺灰的时候应该缩短长度。

2.砌块就位

砌块应该从外墙体的转角处或者定位好的标记处进行砌筑施工,砌块需要遵循"反砌"原则,即根据砌块地面应该朝上的原则来进行砌筑。砌筑的时候,还需要严格按照砌块排列的顺序与搭接形式进行砌筑,当内墙和外墙同时进行砌筑时,在相邻施工段之间需要预留好阶梯形斜槎。当砌块就位的时候,应该保证夹具中心与墙体中心的垂直,找准位置,平稳地放置在砂浆层上,当放稳之后,就可以将夹具松开。

3.校正

砌块吊装就位之后,需要用锤球或托线板对墙体的垂直度进行检查,用皮数尺拉准线的方法对墙体的水平度进行检查。校正的时候,可以用撬棍轻微撬动砌块,这样避免出现偏差。

4.勾缝与灌竖缝

当砌块完成校正之后需要进行勾缝,一般深度不应该超过 7mm,之后砌块就不能再进行撬动,这样防止砂浆的粘结力受到损害,如果砌块出现移动,就需要重新进行砌筑。灌注竖缝的时候,可以先使用夹板将墙体内外夹住,之后在缝内将砂浆灌注进去,由专人用竹片捣实之后就可以将夹具松开。如果垂直缝超过 30mm,就需要用细石混凝土进行灌注直到灌实,其强度等级不低于 C20。

5.镶砖

如果竖缝之间出现较大的竖缝,或者过梁需要找平时,需要镶砖。镶砖砌体的竖缝和水平缝应该控制在 15mm 到 30mm 之间。镶砖工作应该在砌块进行校正之后进行,镶砖的时候需要注意确保竖缝紧密。镶砌的最后一皮砖和安放有擦条、梁、楼板等构件下的砖层,均需用丁砖镶砌。丁砖必须用无裂缝的整砖。

五、 常见质量问题与防治

（一）砌体工程中的常见裂缝问题

1.地基不均匀沉降

由于砌体工程具有特殊性，导致其会受到很多因素的影响，出现裂缝问题。就实际的施工过程可以看出，造成裂缝问题最关键的一个原因就在于地基不均匀沉降，之所以出现沉降，是因为建筑底下结构发生改变，或者底下结构不稳定等原因造成的。不均匀的沉降导致砌体工程各个部分受力情况不均匀，必然会出现裂缝。

2.地基冻胀

随着季节的交替，地基容易出现冻融情况，尤其对北方各个城市来说，冬季的温度较低，建筑结构很容易出现冻胀，这时候砌体结构很容易变形或者出现裂缝情况。当然，这种冻胀也会随着季节更替消失，但是砌体结构却很难恢复到原有的情况，从而导致结构的安全问题受到损害。

3.地震作用

众所周知，地震是地壳运动产生的一种自然现象，在地震发生时，会对建筑结构的稳定性造成影响。地震过程将对砌体结构产生较强的外部作用力，导致各个部分的位置发生一定程度的改变，出现裂缝。因此，建筑结构的方针设计有着十分重要的意义，有待研究。

4. 温差变化

温度对建筑结构会产生直接的影响,因此温度的改变对建筑砌体结构的影响较为明显。砌体结构由各个不同的材料构成,这些材料因为温度的不同会发生改变,从而影响砌体结构的整体稳定性,导致裂缝的出现。

(二)砌筑工程质量问题的防治

1. 加强对裂缝的防治

裂缝的存在极大地危害建筑的质量,因此对裂缝的防治非常关键。在防治的时候需要完善设计、加强管理,以保证砌体结构能够有较强的抗干扰能力,从而即便环境发生改变,也能够保证砌体结构的稳定,避免出现裂缝问题。

2. 减少温度感应力

材料不同,对温度的感受能力也不同,因此砌体工程需要选择那些温感能力较差的材料来施工。如果温感能力弱,当温度发生改变的时候,材料仍旧会保持良好的性质,从而对砌体结构不会造成大的影响。

3. 增强地基的稳固性

建筑的基础在于地基的稳固,在施工的时候,一定要保证地基的稳固性。地基的结构要保证合理,然后施工的时候才能按照既定预案,选择合理的方式进行施工,从而保证地基更加稳固。

4. 重视规范施工

施工过程的规范性与可操作性非常重要,其不仅关系整个工程的质量,还对施工人员的安全有着较为重要的意义。管理部门应该对施工人员的各项工作进行不定期的检查,以避免发生不规范的施工情况。

(三)砌体工程质量验收

在砌体全部工程完成后,验收之前,需要对砌体工程的整体观感与质量进行一个总体评价与检测。

如果在检测过程中发现砌体的工程质量不符合国家现行标准的要求,应依据现行国家标准《建筑工程施工质量统一验收标准》GB50300规定,进行返工与修改。

在验收过程中,如发现砌体有裂缝,那么需要进行有针对性的修改,具体操作如下所述。

其一,如果砌体的裂缝有可能影响到砌体的结构与安全性能,那么就需要找到有资质的检测单位重新进行检测与评定,如果需要返修或者加固,则等待返修、加固以后再展开第二次验收工作。

其二,如果砌体的裂缝并不影响砌体的结构与安全性能,那么则应该予以验收,对明显影响观感质量或者影响具体使用功能的裂缝,需要进行局部处理,确保修复完善。

第 四 章

钢筋混凝土结构工程

由于钢筋混凝土结构在我国现阶段应用非常广泛,因此在建筑施工领域,钢筋混凝土工程无论从人力上说,还是从物资消耗上说,都对工期产生了重要影响。钢筋混凝土工程是由模板工程、钢筋工程和混凝土工程三者构成的,只有三者紧密配合,才能保证质量与效率,降低成本。本章就重点分析钢筋混凝土结构工程。

一、 模板工程

（一）铝合金模板施工技术

铝合金模板在国外的使用历史比较长,已经有 50 多年。在发达国家,铝合金模板已经普及化,这一技术在我国已经得到全方位开发与普及,很多公司已经着手研发铝合金模板。经过多年的发展,目前国内现有的铝合金生产条件与生产经验、技术已经成熟,所生产的铝合金模板在工程中已经得到推广与使用。

1.铝合金模板的优点

（1）铝合金模板有较优的力学性能。

（2）铝合金模板施工安装简便。

（3）铝合金模板不产生建筑垃圾。

（4）铝合金模板周转率高,可回收利用价值高。

（5）铝合金模板质量较轻、可人工搬运和装拆。

（6）铝合金模板无须大型重型机械设备协助。

（7）铝合金模板脱模效果好。

（8）铝合金模板与混凝土接触面光洁平整、耐酸、耐腐蚀。

（9）铝合金模板适用于复杂的施工环境等。

2.在对铝合金模板施工之前,需要做的准备工作

（1）施工人员需要第一时间熟悉所施工铝合金模板的图纸、方案,具体对建筑的施工图、装修施工图、结构施工图、水电施工图、外架方

案、放线孔位等应提前了解,并做到熟记于心。

（2）培训技术人员。这方面的人员需要厂家进行指导,通过厂家对铝合金模板生产过程、安拆技术、安拆要点、安拆难点、材质特点、规范要求等进行讲解,让施工人员对铝合金模板有具体、清晰的了解与认知,从而为保质保量打下基础。

（3）做好指导与技术交底工作。在施工之前,铝合金模板公司的负责人以及技术人员需要对施工人员展开技术讲解,告知施工人员铝合金模板的质量与安装要求,让施工人员对铝合金模板的现场施工、布置、运输、维护、保护、编号、堆放等有清楚的了解,同时还要让技术人员进行跟班指导,对施工现场出现的问题进行现场解决,以保证施工的如期进行。

（4）对铝合金模板预拼装、优化设计、进场验收进行监督。在施工前,施工人员与厂家负责人、技术人员要对铝合金模板的技术要求进行多方位沟通,确定最优化设计。铝合金模板在生产完成后需要进行编号,并提前进行预拼装,等到相关负责人验收合格以后才能让施工人员运往施工现场。

（二）模板工程施工质量验收

对于模板工程施工质量的验收,需要依据一定的检验方法,对于产品质量的检验需要符合一定的标准与要求。一是主控项目质量经过抽查应检验合格。二是一般项目质量经过抽查应检验合格。三是如果是计数检验,那么一般项目的计数检验合格率应达到 80% 以上。四是一般项目计数检验中没有严重质量缺陷,操作依据完整,有质量验收记录。

1. 主控项目

在对主控项目进行质量验收时,需要重点关注以下几个方面。
（1）支架的承载力足够,上下层必须对齐,下部设有垫块。
（2）主控项目中的模板隔离剂不能污染到所使用的钢筋。
（3）所使用的模板以及支架,拆除过程中的混凝土强度需要满足一定的标准与要求。
（4）后浇带模板在拆除过程中必须严格按照施工方案进行。

2.一般项目

对于铝合金模板一般项目的质量验收,在操作过程中需要重点关注以下几个方面。

（1）模板安置的过程中需要做到钢模刷隔离剂表面是干净的,模板平整度符合一定的标准与要求,木模板浇水湿润,接缝不漏浆。

（2）用作模板的铝合金胎膜不能开裂,表面应该平整、光滑,对其他构件不会产生不良影响,这些不良影响包括下沉、起砂、裂缝等。

（3）大于或等于4m的现浇梁板应起拱 1/1000 ~ 3/1000。

（4）铝合金模板上的预埋件、洞口、预留孔等配置不能有遗漏的地方,需要固定的配件必须固定牢固,不得有偏差,如果有偏差,也需要符合相关规定。

（5）预制构件模板在安装过程中所出现的偏差需要符合一定的标准与规定。

（6）铝合金侧模板在拆除过程中所使用的混凝土强度必须保证其表面、棱角不受损害。

二、 钢筋工程

（一）钢筋混凝土结构技术分析

1.钢筋混凝土结构优势

（1）强度高

钢筋混凝土材料容易获取,利用钢筋或者钢板融合混凝土形成的复合结构有着较高的强度。无论是钢筋材料还是混凝土材料,其本身强度较高,有着较大的承载力和抗压性,但是混凝土结构延展性不足,而钢筋材料的应用有效地弥补了这一缺陷。钢筋混凝土凭借着自身高强度特性，用于现代各种建筑物中，比如住宅、桥梁、艇等工程。

（2）抗拉能力强

混凝土结构有着非常突出的抗压强度，但是抗拉能力不足，这导致该材料在实际应用中受到限制，为了解决混凝土结构的这一缺陷，建筑工程施工中引入了具有良好延展性的钢筋材料。钢筋材料抗拉能力强，但是缺乏足够的抗压性，通过综合应用钢筋和混凝土材料，两者有效弥补了彼此的不足，最终形成了强度高、抗拉能力强的材料。通过提高钢筋混凝土抗拉能力，实现了整个建筑物理学性能的改善，提高了建筑物的抗震性。

（3）材料获取方便

钢筋混凝土材料主要包括钢材、钢板、纤维、混凝土等，其中混凝土组成为砂石、骨料、水泥等，这些原材料都较为容易获取，有着十分广泛的来源。在科学技术发展以及绿色节能环保理念下，已经可以从工业废渣中提取部分原材料，工业废渣的应用可以节约材料和成本，符合未来建筑行业绿色发展的趋势。较为容易获得的原材料有力地支持了钢筋混凝土结构的发展和应用。

（4）结构整体性突出

大多钢筋混凝土结构通过现浇完成，浇筑后形成的结构有着良好的整体性，无论是抗压性还是强度都十分优越。钢筋混凝土结构的整体性也提高了建筑物的整体抗震能力，相比于传统的砖瓦结构，钢筋混凝土的抗爆性能和抗震性能都十分优越，这得益于其整体性、完整性的特点。

2.钢筋混凝土结构施工要求

（1）建筑材料的要求

钢筋和混凝土材料各自有着不同的优势和特点，在建筑结构中，两种材料发挥的作用不尽相同。钢筋主要作用为提高建筑物的抗拉能力，混凝土的主要作用是提高建筑物的抗压性。想要切实保证建筑物的整体质量安全,就要充分发挥两者的优势,提高钢筋混凝土结构的综合性能。材料质量是决定工程建设质量的先决因素,为此,要求在工程建设前严格筛选材料,以提高原材料质量水平,并按照设计标准选择钢筋或者混凝土材料,避免发生偷工减料行为。

（2）技术要求

在实际建设钢筋混凝土结构中,需要合理地规划布设建筑物结构,明确各个项目、环节施工技术要点。

首先,在钢筋混凝土结构设计阶段应合理分布结构的受力情况,将结构整体稳定性和可靠性提高。

其次,在施工阶段应严格执行既定的施工方案和规章制度,严格把控各个施工环节技术要点,确保符合国家标准、设计要求。比如在混凝土养护阶段,应明确混凝土强度及合理确定拆模时间,以免出现裂缝问题降低建筑物的整体性能。

最后,加大检查力度,通过严格的验收确认钢筋混凝土结构施工质量是否达标,及时处理质量缺陷。

（3）钢筋混凝土构件施工要求

现浇构件和预制构件是当前建筑工程最常见的两种钢筋混凝土构件,在具体施工中无论选择何种形式的构件,都要确保其承载能力合格,要充分结合钢筋混凝土结构与其他结构。针对现浇钢筋混凝土构件,在施工中按照钢筋制作安装、模板搭设、混凝土浇筑振捣等流程进行施工。施工中加强钢筋接头位置、长度的处理和控制。

3. 钢筋混凝土结构施工技术要点

某高层住宅建筑群总建筑面积为 5.36 万 m^2,高度在 93.25 ～ 95.25m,三栋楼均为住宅楼,共计 32 层,其中包括地下一层。该工程主体结构为钢筋混凝土结构,地上主体结构使用 C30 商品栓进行现浇施工。下面就重点针对模板工程、钢筋工程、混凝土工程施工技术要点进行分析。

（1）合理选择施工材料

优质的施工材料是保证建筑物建设质量的基础，为此，工程应严格选择钢筋混凝土等施工材料。采购部门选择的供货商应为长期合作单位，有着较为稳定的供货能力，产品质量优良。在工程中，使用的混凝土强度等级为 C30，所用钢筋主要型号包括两种，分别为 HPB235 型钢筋和 HRB335 型钢筋。

（2）模板工程技术

①框架柱模板施工要点

住宅楼建设中使用九夹板和 50mm×100mm 的方木作为钢筋混凝土框架柱模板。施工人员按照设计图纸中的要求制作模板，安装前首先在框架柱外围用墨线将柱模内边线和支模控制线标记出，然后安装柱模板。在具体安装中，使用钢管架作为支撑结构，采用十字形加固处理，技术人员校正柱模板的垂直度，以确保其垂直度达标，然后借助拉杆加固处理相邻的两个柱模板。

②框架梁板模板安装

在安装框架梁板模板之前先要将梁位线、水平线、轴线弹在框架柱上，然后在梁对应的位置搭设模板支撑架，以确保支撑杆坚实可靠，并且用木垫板铺设保证其平整稳定。在安装底梁模板时做好支撑立杆间距的合理控制。安装水平横杆时，应保证布局合理。扫地杆和地面高度应当保持在 500mm 以上。通过严格控制各个支撑结构的间距有助于受力体系的完善优化，提升结构整体稳定性。该工程中设置了一定数量的斜撑，有效保证了整体排架的稳定性。同时，工作热源对模板下方横楞间距进行了合理的排布，按照规范要求设置起拱。在具体施工中，绑扎完钢筋结构并且验收合格才能依次安装梁侧模板，并且进行加固处理。工程中对于超过 600mm 高度的框架梁板模板，使用穿梁螺栓固定侧模板。在安装梁底模板支撑系统中技术人员根据实际情况搭设梁支撑架，从而实现施工质量安全的提升。

③楼梯模板安装

在楼梯模板安装时先根据设计图纸按照 1∶1 的比例放出大样，经监管人员确认无误后开始配置模板，然后按照规定的工艺流程安装支设模板结构。在安装时，应当注意充分对齐楼梯踏步线条，从而将楼梯的美观性提高,以保证后续装饰装修工作顺利开展。在楼梯结构施工中,应按照向里退缩30mm的标准设置楼梯踏步。

④模板拆除

根据同等条件下混凝土试块试验结果确定模板进出时间。通常试块强度达到设计混凝土强度的75%以上后可以依次拆除模板结构。施工中工作人员先拆除非承重结构,再拆除承重结构,按照先装后拆、后装先拆的原则安排模板拆除顺序。

(3)钢筋绑扎施工技术

①柱钢筋绑扎

按照设计要求控制接头数量,接头数量应当在钢筋总面积的50%以内,该工程中柱钢筋采用焊接方式进行处理。

②梁钢筋绑扎

按照模内绑扎和模外绑扎两类划分梁钢筋绑扎方式。

第一,在梁侧模板上画出箍筋间距,摆放好箍筋。

第二,用纵向受力钢筋和起钢筋穿过柱梁后分开箍筋,以确保符合已标注的间距,然后下部纵向受力钢筋和起钢筋穿过次梁,完成箍筋安装。

第三,按照一定间隔绑扎架立筋和箍筋,并且做好箍筋间距的调整,先进行箍筋绑扎再进行主筋绑扎,同时展开主次梁施工。

第四,采用套扣法绑扎上部纵向钢筋,交错绑扎叠合位置箍筋弯钩。

③梁端施工

在距离点边缘50mm的位置设置第一个箍筋位置,用垫块处理主次梁受力筋,以保证混凝土施工阶段技术人员能够准确控制保护层厚度。采用双排受力钢筋时在两层钢筋之间应垫短钢筋,按照不低于25mm的间距控制受力筋横向净距离,距离应当在钢筋直径以上。在主次梁受力筋下放置垫块以保证混凝土保护层达标。

④梁钢筋搭接

采用焊接方式连接超过22mm直径的受力钢筋,采用绑扎方式搭接直径在22mm以内的受力钢筋;按照大于钢筋直径10倍的距离控制梁钢筋弯折和搭接长度末端间隔,接头不得设置在构件最大弯矩部位;在受拉区域内I级钢筋绑扎接头的末端设置弯钩。

⑤板钢筋绑扎

清理干净模板中的杂物,将主筋、分布筋的间距标注在模板上,依次设置受力主筋、分布筋,同时安装预埋管线、预留孔洞;板筋采用顺扣或者8字扣绑扎,交错绑扎钢筋,外围两根筋交错点完全绑扎;在两层钢筋之间增加马凳提高钢筋位置的精确度;牢固地绑扎负弯矩钢筋的相交点,按照至少120mm的标准控制受力筋入墙深度,墙和第一根分布筋距离控制在50mm以内;在钢筋下按照lm的间距设置砂浆垫块,以保证垫块和混凝土保护层厚度一致,按照20mm以上的厚度设置钢筋混凝土保护层厚度。

(4)混凝土浇筑施工技术

①框架柱的混凝土浇筑

在浇筑框架柱混凝土之前首先要配置和混凝土级配相同的水泥砂浆,处理柱底部。针对超过4m高度的框架柱,需要在柱中开设孔洞为振捣排气提供便捷。有的框架柱顶部存在交叉的梁主筋,这种情况会增加混凝土下料的难度,此时可以在柱底部设置振捣孔或者浇筑到底部下方一定高度后再绑扎梁板钢筋。在浇筑混凝土过程中,浇筑方式采取分层下料和分层振捣的方式,对每层下料高度进行控制,可以由专门的管理人员用标杆测量下料高度,在振捣一层混凝土后再测量下一层。

浇筑过程中由专门的人员用木槌敲打结构柱的模板,以提高混凝土密实度,避免发生孔洞、蜂窝等不良现象,同时要密切关注模板是否存在漏浆、变形等严重问题,及时检查校正柱模板垂直度。混凝土浇筑高度应当略高于框架柱顶部,从而将浮浆问题减少。在振捣完成后刮掉多余的混凝土浮浆。如果需要整体浇筑框架梁板,那么在浇筑框架柱混凝土后暂停大约lh再继续浇筑。振捣过程中应科学控制振捣棒的插入深度,坚持三不碰原则,通过合理振捣提高混凝土整体密实度。

②框架梁、板混凝土浇筑

在浇筑梁板混凝土时按照设计的施工段一次性完成每个施工段中框架梁、板的浇筑作业,注意避免预留施工缝。在浇筑过程中,按照混凝土流向推进混凝土浇筑,先分层浇筑框架梁,按照梯形"赶浆"到楼板位置,然后同时浇筑楼板。在这个过程中采用插入式振捣棒振捣混凝土,用平板振捣器振捣板混凝土,用不锈钢尺抄平处理框架梁、板表面,最后收光处理混凝土表面。

③楼梯混凝土浇筑

按照从下到上的顺序同时浇筑楼梯混凝土和梁板混凝土,先振捣密实底板混凝土达到楼梯踏步位置,然后同时浇筑混凝土。在浇筑过程中施工人员要采用搓板整平处理楼梯踏步表面。

④施工缝处理

在浇筑混凝土施工缝时应提前做好处理工作。

将施工缝位置混凝土表面杂质彻底清理干净,凿毛处理,并用高压水枪或者高压气枪冲洗干净施工缝,施工缝内不得存留积水。如果施工缝附近存在弯折的钢筋应检查其是否牢固,确认其稳定性后用同级配的水泥砂浆在施工缝上铺设 10 ~ 15mm 厚度,之后浇筑施工缝。

4.提高钢筋混凝土结构施工水平的方法

(1)裂缝预防

首先,筛选混凝土原材料,通过严格检测合理选择原材料,以保证原材料参数满足国家标准规定。

其次,温度控制。尽量选用低水化热水泥,适量添加粉煤灰等达到控制水泥用量的目的,从而控制水泥水化热。

最后,控制收缩裂缝。混凝土养护阶段注意保湿,通过洒水、添加养护剂等方式避免水分过快流失,预防收缩裂缝。

(2)开展技术交底工作

技术交底是保证各项施工技术充分落实的基础和前提,为此,在具体施工前应充分做好钢筋混凝土结构施工技术交底,以确保所有工作人员都能够深刻地掌握钢筋混凝土技术施工要点。

明确技术方案,确认施工技术重难点,将技术理论详细地阐述解释给施工人员,丰富参建团队的整体理论知识水平。

充分结合技术交底和实践,利用 VR 虚拟技术对钢筋混凝土施工过程进行模拟,让一线施工人员可以直观地查看施工过程,掌握施工技术要点,确保在具体施工中能够落实施工方案。

加大信息技术的应用,通过搭建线上培训考核平台,应用远程视频监控等技术加强管理,同时提高技术交底精确性。

钢筋混凝土结构已经成为现代建筑工程建设中的主要结构形式,该结构形式对于提高建筑工程的整体性能、稳定性有着十分重要的作用。

(二)钢筋混凝土结构工程施工技术及现场施工管理

1.钢筋混凝土结构工程的施工特点分析

在全新的建筑施工模式之下,钢筋混凝土结构工程环节的施工建设已经成为不可缺少的步骤,并且会直接影响到建筑工程的施工效率、施工质量。综合现有的施工管理经验分析,钢筋混凝土结构工程的施工特点主要体现在以下几个方面。

(1)与其他结构相比,钢筋混凝土结构要更加复杂,因此在其应用实践之中要涉及大量的工序,并且需要重点关注与之相关的细节问题。由于具体涉及的施工操作会涉及人力、物力资源的投入,所以需要注意做好规划管理,从而保证实际施工效率和施工质量。

(2)钢筋混凝土结构层面的施工建设之中,如果出现操作失误或是材料选择不当的问题,则会影响到整体钢筋混凝土结构的稳定性。在此基础上,如果相关问题难以得到切实有效地解决,则必然会影响到整体施工质量并且会影响建筑物的使用功能。

(3)由于钢筋混凝土结构工程的施工作业会涉及浇筑操作,加之浇筑操作会对于整体钢筋混凝土结构产生不同程度的冲击力,因此如果不能把控好操作过程中涉及的细节问题,便会有可能造成结构变形的风险并且影响到结构的使用性能。

(4)此环节施工中,有可能遇到二氧化碳进入钢筋混凝土结构的风险。这便需要将振捣环节的工作严格落实到位。如果出现振捣不密实的问题,使得结构内残留过多的空气,那么其中的二氧化碳便会与钢筋混凝土结构发生化学反应。这之后,钢筋混凝土结构会出现碳化现象,并且会出现徐变收缩的变化趋势。随着时间的推移,如果这方面的问题得不到切实有效的解决,则会对于整体建筑工程的施工质量造成负面影响。

2.钢筋混凝土结构工程施工技术要点分析

（1）模板施工

模板施工环节的施工作业主要包括模板安全、模板拆除两个环节的内容。

首先，模板安装施工。需要由施工人员根据施工图纸中钢筋混凝土结构的尺寸以及对应工程项目的施工技术规范完成模板的加工，制作工作。完成上述工作之后，便需要着手开展梁板柱模板的安装工作，具体需要由管理人员利用弹线的方式在柱膜上确认好水平线以及梁位线的具体位置，采取保证模板位置准确的定位措施。

实际工作中，需要根据梁板的位置来确定好支撑立杆的位置，以保证不出现变形。参照技术规范，针对此环节施工中涉及的木垫板，垫板厚度不得少于50mm，且为具有足够强度和支撑面积的垫板；立杆纵距、横距不应大于1.5m，支架步距不应大于2.0m；立杆纵向和横向宜设置扫地杆，纵向扫地杆距立杆底部不宜大于200mm，横向扫地杆宜设置在纵向扫地杆的下方。

模板安装施工中，可由施工人员根据现场情况对以上控制内容进行调整，从而保障模板结构的受力稳定性。模板安装的过程中，要安排技术人员针对实际模板安装工作进行现场蹲点，进而把控好各个环节的细节问题，以保证模板安装施工的质量。

其次，模板拆除施工。只有确认混凝土凝固到标准强度之后，施工单位才能够组织人员拆除模板。实际施工中，需要根据工程特点以及天气情况来确定拆除时间。如果确认混凝土的凝固强度能够达到预先设定的技术要求，则需要上报监理单位来组织验收。验收完毕之后，需要在获得业主方许可的基础上选择合适的时间拆除模板。

（2）钢筋施工

具体来说，钢筋施工环节的施工建设主要包括钢筋绑扎、钢筋焊接两个环节的内容。钢筋绑扎环节，施工单位要根据特定工程项目的技术要求，选择合适的钢筋型号并且确定好钢筋数量，以确保钢筋能够满足施工技术要求。绑扎施工操作时，施工人员要注意利用铁丝来做好钢筋的固定工作,并且需要使钢筋的接头位置能够与最大弯矩位置保持一致。这一过程中,还需要在钢筋以及模板之间设置垫层,并且在绑扎完毕之后再次确认钢筋长度以及绑扎数量,从而避免绑扎密度过大或是钢筋间隙过大等问题。如果有涉及双层钢筋网绑扎的施工操作,施工人员需要注意测量清楚钢筋的位置,以确保绑扎之后的钢筋接头位置能够与最大弯矩位置保持在同一水平。

在此基础上,施工人员还需要通过设置钢筋撑脚的方式来增强双层钢筋网的稳固性,进而保证整体施工质量。面对靠近外围的钢筋,施工人员需要注意控制好重点控制位置的偏差问题。必要时,还可以通过加密绑扎的方式来保证钢筋框架的牢固程度。钢筋焊接环节,施工人员需要在垫板以及帮条等位置设置必要的引弧。

需要注意的是,要确认所有待焊接的钢筋结构都有主筋分布,并且需要禁止移动主筋的操作,避免对其造成损伤。建议施工人员采用双面焊接、单面焊接或是帮条焊接的方式完成对于钢筋结构的焊接工作。帮条焊接时,要确认帮条的牌号能够与主筋保持一致,从而保证焊接质量。开展焊条的搭接操作之前,施工人员还需要做好主筋位置的预弯处理,之后还需要将主筋轴线调整至焊接轴线的水平位置,避免其出现钢筋结构的偏移问题。

（3）混凝土施工

①混凝土原材料要求

采用商品混凝土,混凝土浇筑前由项目工程师向预拌混凝土生产厂家提出混凝土供应计划,明确混凝土的质量要求,采用的水泥应是水化热较低的矿渣硅酸盐水泥或普通硅酸盐水泥,同时全部应是同一厂家生产的同品种和同规格水泥。

②将混凝土运输环节的工作落实到位

混凝土运输工作中,要提前规划好运输路线、运输时间,并且需要针对运输过程中可能会涉及的问题提前制定管控措施。在此基础上,需要根据实际施工进度以及施工现场的人力物力资源配置情况控制好运输量,进而在保证施工供应的基础之上合理规避原材料的浪费问题。

③加强对于混凝土浇筑施工的监督管控

一是框架施工。开展框架混凝土浇筑施工之前,施工人员需要对柱底位置进行接浆处理。面对高度大于4m的柱结构,施工人员应当在其中部设置捣洞孔,并且需要在梁底50cm左右的位置处设置浇筑振捣孔,从而提升浇筑操作环节的下料效率。在此基础上,这一环节的改革调整还能够避免梁结构受到主筋的影响及干扰。积极推进上述改革之余,施工人员还应当在混凝土浇筑位置下方绑扎适量的梁板钢筋来解决框架混凝土浇筑操作中可能出现的风险隐患。现场作业人员还需要在正式浇筑之前用红漆在对应的位置处做好刻度标记,从而控制好下料量。浇筑操作之前,施工人员还需要进行混凝土的二次搅拌,进而避免出现浇筑之后的混凝土结块及沉淀现象,并且为后续振捣作业的有序推进打好基础。具体到混凝土的振捣操作之中,需要由施工人员根据实际情况选择合适的混凝土振捣器,进而保障施工效率以及施工质量。

二是梁板及楼梯施工。梁板结构主要在钢筋混凝土结构中承担支撑作用,因此需要提高对于此环节施工活动的关注度。施工人员需要注意做好各环节细节问题的监督把控,以确保浇筑之后的梁板不存在缝隙和开裂问题。在实际浇筑作业中,建议施工人员通过赶浆的方式让混凝土在重力的作用之下由一端自然流向另一端,避免梁板结构出现施工缝问题。条件允许的情况下,施工人员还可以通过分层浇筑配合阶梯振捣的方式使每一层混凝土都可以填满梁板之间的缝隙,进而保证施工质量。楼梯结构的施工是此环节的施工难点,应当按照自下而上的原则逐步推进楼梯结构与楼板结构同时浇筑。确认楼梯结构底部完成混凝土浇筑作业之后,施工人员需要及时开展底部混凝土的振捣处理。在确认混凝土浇筑至踏步位置时,施工人员便可以开展新浇筑混凝土与踏步位置混凝土的平行浇筑。完成振捣操作之后,还需要着手开展踏步的平整处理(见图4-1)。

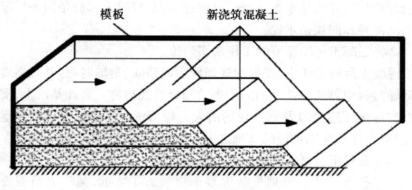

图4-1 混凝土分层浇筑

④混凝土养护

涉及混凝土的养护工作中,需要重点关注混凝土孔洞、裂缝、冻胀等问题。具体需要施工人员根据内外温差选择合理的养护措施,进而避免温度变化对于混凝土质量造成的影响。如果要在夏季施工,可以根据工程所在区域的气温情况选择通过洒水或覆盖薄膜的方式保持混凝土的水分,降低混凝土的温度,如图4-2所示。如果在冬季施工,则需要通过在混凝土表面覆盖麻袋或草毡的方式对混凝土进行保温处理(见图4-3)。

图4-2 夏季混凝土养护措施

图4-3 冬季混凝土养护措施

3.钢筋混凝土结构工程的现场管理措施分析

（1）加强技术管理

工程施工前,施工单位首先要明确好各岗位施工人员的工作职责,并安排专业的技术管理人员对其进行监督指导。与此同时,施工单位还要切实落实好安全责任,根据施工过程中可能出现的风险隐患,提前制订好应对方案,进而为施工现场的技术管理人员提供必要的数据支撑。为了规避施工现场的技术问题,促进各项工作的有序开展,技术人员还要充分发挥先进仪器设备的优越性,做好施工数据的采集分析工作,定期做好仪器设备的养护维修,并及时将设备运作情况记录在案,为后续工程的竣工验收提供数据参考。

（2）加强施工材料质量控制

加强对施工材料的质量控制具体可从以下两个方面入手。

首先,在施工材料采购过程中,施工单位要在基于考察调研的情况下,与建筑材料供应商签订长期的采购合同,以此来获得高性价比的建筑施工材料。但为了确保建筑材料的质量水平,技术人员要切实落实好验货抽检工作,加强对施工材料的质量检测。如果有必要,施工单位可将建筑材料的样本送到相关部门进行检测,获取专业的数据报告。

其次,落实施工材料进场前的检查工作,施工单位要加强对各类施工材料的质量检测,严禁不合格建筑材料进场,最大限度地确保施工安全。

（3）做好钢筋防腐工作

钢筋材料受材质特性的影响,很容易因外界环境的变化而出现不同程度的锈蚀。针对这一问题,施工单位在购买钢筋时,要优先选择性能稳定的环氧涂层钢筋或是涂抹防腐蚀材料的钢筋,以此来规避钢筋锈蚀的问题。当前,市面上售卖多种保护钢筋混凝土的新型材料,施工单位不能盲从盲信,而是要结合工程建设的实际需求,有针对性地选择合适的新型材料。这一举措既能够确保钢筋性能,延长钢筋的使用寿命,还能确保钢筋混凝土的支撑力能够满足施工要求。

（4）加强对施工人员的管理培训

为了确保施工现场各项工作的安全有序进行,施工单位应当对照管理制度,约束施工人员的操作行为,使其能够严格按照技术流程和操作规范进行施工作业,杜绝各类安全事故的发生。此外,还要加强对施工人员的安全教育,每日开工前查看施工人员安全防护用具的使用佩戴情况,对于存在用具缺失、佩戴不规范的人员,要及时进行引导教育,并为缺少护具的施工人员分发相应护具。

钢筋混凝土结构工程的施工建设已经成为新形势下必须重点关注的问题,并且会直接影响到建筑施工质量。相关环节的改革实践中,需要注意把控好具体涉及的技术要点,并且将其中的现场管理措施落实到位。参照实际工作经验针对相关问题进行了整合分析,希望能够推进各环节细节工作的优化调整,并且营造出全新的钢筋混凝土结构工程施工管理格局。

三、 混凝土工程

混凝土是最为常用的建筑材料,因而混凝土工程也成为一项工程中最为主要的组成部分。在混凝土工程施工中,通常会与钢筋工程、模板工程联合施工,从而达到使用的要求。

（一）混凝土养护

对混凝土的养护需要注意其避免水泥水化而凝结硬化。混凝土只有在适当的温度、湿度条件下保存,才能确保在使用过程中不产生质量问题。混凝土养护一般包括自然养护与人工养护两种类型。

混凝土的自然养护指的是在常温条件下,通常气温不低于5℃,使用浇水的方法使混凝土在一定的湿度、温度条件下逐渐硬化。对于表面积大的构件(如地坪、楼板、屋面、路面等),也可用湿土、湿砂覆盖,或沿构件周边用黏土等围住,在构件中间蓄水进行养护。

混凝土的人工养护指的是通过人为控制混凝土的温度与湿度,增加混凝土的强度,其中可以采用蒸汽养护、太阳能养护、热水养护等,实现混凝土的人工养护。

(二)无黏结预应力工程

在后张法预应力混凝土中,预应力筋分为有黏结与无黏结两种。凡是预应力筋张拉后通过灌浆或其他措施使预应力筋与混凝土产生黏结力,在使用荷载作用下,构件的预应力筋与混凝土不产生相对滑动的预应力筋(束)称为有黏结,反之为无黏结。无黏结预应力施工方法是在预应力筋表面刷涂料并包裹塑料布后,如同普通钢筋一样,先铺设在安装好的模板内,浇筑混凝土,待混凝土达到设计要求强度后进行张拉锚固。无黏结预应力混凝土具有施工简单,无须预留孔道和灌浆、张拉阻力小、易于弯成曲线形状等优点。

1.施工准备

无黏结预应力筋的锚具性能应符合 I 类锚具的规定。我国主要采用高强度钢丝和钢绞线作为无黏结预应力钢筋,高强度钢丝主要用镦头锚具,钢绞线可采用 XM 型、QM 型锚具。无黏结预应力筋的制作主要采用挤压涂层工艺和涂包成型工艺。

在布置无黏结预应力筋的时候,工人需要严格按照所设计的曲线形状来固定,确保固定牢固,这一工序通常在底部钢筋铺设完毕之后展开。在无黏结预应力筋铺设后,再来铺设水电管线,也就是说,无黏结预应力筋应该放在水电管线的下面。另外,无黏结预应力筋铺设时不能将竖向位置抬高或压低,最后铺设的通常是支座处负弯矩钢筋。

2.施工技术

(1)无黏结预应力筋的铺设

在铺设双向配筋的无黏结预应力筋时,需要将标高较低的钢丝束放在下面,然后再铺设标高较高的钢丝束,不能颠倒铺设流程,从而避免两个方向的钢丝束相互交叉,影响铺设质量。

（2）无黏结预应力筋的张拉

在张拉无黏结预应力筋的时候,所使用的混凝土强度需要符合一定的标准与要求。如果在设计上没有具体要求,那么混凝土的强度需要达到 75% 才能进行张拉,否则就达不到工程质量的标准与要求。张拉顺序应根据预应力筋的铺设顺序进行,先铺设的先张拉,后铺设的后张拉。

成束无黏结预应力筋在正式张拉前,宜先用千斤顶往复抽动一两次,以降低张拉摩擦损失。在无黏结预应力筋张拉过程中,当有个别钢丝发生滑脱或断裂时,可相应降低张拉力,以免发生钢丝连续断裂。但滑脱或断裂的数量不应超过同一构件截面内无黏结预应力筋总量的 2%。

（3）无黏结预应力筋的端部锚头处理

无黏结钢丝束镦头锚具。张拉端钢丝束从外包层抽拉出来,穿过锚杯孔眼镦成粗头。

无黏结钢绞线夹片式锚具。无黏结钢绞线夹片式锚具常采用 XM 型锚具,其固定端采用压花成形埋置在设计部位,待混凝土强度达到设计强度后方能形成可靠的黏结式锚头。

（三）建筑结构工程施工中钢筋混凝土施工技术要点

1.建筑结构工程施工中钢筋混凝土施工技术优势

（1）具有较强的融合性优势

钢筋混凝土建筑的原材料是钢筋、钢板、混凝土和碎石等基本的建筑材料,但要想充分发挥出这些建筑材料的优点,就必须将这些建筑材料融合出较强的综合结构优点。钢筋混凝土建筑材料若是单纯采用混凝土材质,就可以保证建筑拥有较良好的承载特性,但不能具备钢筋结构的抗拉能力和较强的稳定性能。所以,利用钢筋混凝土与混凝土原料融合的最大优点就是既能够提高建筑的承载强度,还能够提高建筑的抗拉、耐变形等特性,并因此适应了建筑复杂多变的施工形式的要求,在当前工程中应用性能较强。

（2）具有较强稳定性的优势

钢筋材质和混凝土材料针对各种建筑物的具体要求,选择各种种类的钢材并进行科学有效的融合搭配方案,就能够大幅增强建筑物结构的稳定性能,同时又能够提高建筑物的抗震特性和耐火特性,这些都是钢筋混凝土材质结合起来的优点。

（3）具有经济成本低的优势

钢筋混凝土材料的原料在选用时适用范围相当宽泛,且经济成本也不高,有较强的经济应用性能。其中必须明确的是,施工单位在使用混凝土和混凝土建筑材料时,由于使用的总量相当巨大,所以在施工现场要进行原材料的运送、贮存和检验,并对其合理规范,以争取达到钢筋混凝土原料的合理配置。

2.建筑结构工程施工中钢筋混凝土施工技术要点

（1）混凝土浇筑技术要点

首先,在混凝土浇筑过程中,宜进行超长混凝封土施工,并考虑在温度收缩裂缝处设后浇带,温度后浇带施工时就在两侧的主体混凝土施工两个月后,选择较高等级的混凝土,并选择温度补偿收缩混凝土,混凝土中宜掺膨胀剂,掺量根据试验结果决定。

其次,在实际浇筑过程中还应该做到后浇带防水工程,重点关注其中的施工要点。后浇带建设施工中的建筑防水管理工作是最基本的施工内容,主要是为了预防和纠正施工时发生开裂和下陷。

由于保护管理工作是建筑设计中的重点,而建筑工程中的返料、重建、补建等的安全隐患问题均与建筑防水管理工作直接相关,所以要想进一步改善施工的品质,在建设工程施工过程中,需要在施工后期的维护阶段进行建筑防水工程施工,主要的建筑防水方法包括底板防水和墙壁保护。与此同时,底板防水所用的建筑材料主要为基层防水卷料,通过铺设基层防水卷料来防止水分进入施工的底板内,从而保持底板的干燥,墙壁保护则主要是通过在墙上喷涂保护工艺,以提高后浇带的干燥性能。

（2）冬季混凝土施工技术要点

①混凝土冬季施工的材料储备保温

为避免建筑工程在冬季施工后出现进料困难的问题,在进入冬季前,应将砂石料进行提前处理,防止其在实际运输或存放后出现受冻的状况。此时,相关人员应在冬季之前组织进场,并在砂石料上提前覆盖10cm 以上的草袋以及棉毡等防寒抗冻措施,促使砂石料在实际运用过程中的温度保持在 0℃以上。与此同时,在实际运用过程中,还应对其中的冻块和冰雪块进行剔除,防止冰雪和冻块造成材料损失。在此过程中,应防止其中出现冰块和冰冻材料进入机械的可能性,从而降低机械受损的概率。混凝土、外加剂在冬季运用过程中,应在库房和暖棚内进行温度保障,但不能直接进行加温,并且还应对水源进行提前储存和保温,防止其出现污染的状况。

②混凝土搅拌料的加温

在对混凝土采用搭设温棚保温、砂石料维持正温的前提下,对混凝土搅拌料也要加热,而混合的均匀水加热温度则应按照混凝土搅拌料混合温度计算控制。

③混凝土的拌和

混凝土拌和料的投料次序为:一是将砂石物料进拌和机中加约90% 的水量加以搅拌 1min。二是混凝土、混凝土外加剂混入混凝土均匀机加以混匀 1.5min 以上,并补足多余 10% 的水分,将砂石建筑材料和混凝土、混凝土外加剂分别混入水弹斗,但必须同时尽量避免因混凝土、混凝土外加剂垂直触及热水而引起砂浆的假凝现象。在混合均匀时应适当拉长,以防止出现因砂浆色泽不一致、外观质量问题和建筑材料间逆流热交换持续时间过短,而引起的混凝土结构施工性能差的问题。

④混凝土的运输

各种混凝土输送车、混凝土输送泵和管路在使用之前需要用热水冲洗加温。为了确保运送过程的畅通,运送速度必须要快,并且水凝土泵装后还要加上保温的采暖棚,并且水管还要用棉毡包裹保温。水管在使用前用热水冲刷干净,以免混凝土残料在水管里结冰、影响正常通行。

⑤混凝土的浇筑

残留的混凝土要清洗一遍,并做好加热,包括模具、钢筋均须采取相应方法,如暖棚进行加热至10℃以上,方可完成混凝土施工,减少由于施工作业而造成的混凝土拌和温度损失的问题发生。例如,缩短了混凝土暴露时间、及时对混凝土进行保温。

⑥混凝土的温度监控

建立温度监测体系、确定专人管理,形成完善的监测记录。在特大桥冬季浇筑中,可以采用了具备抗冻的引气剂、减水剂等复合级混凝土外加剂,通过5～25mm碎石粗料颗粒和混凝土的配合,在浇筑中防冻效果优异,可以适应现场冬季浇筑的需要。

（3）地下室消防水池及泵房混凝土施工要点

在一般情况下,地下室消防水池及泵房会采用抗渗混凝土,常用的抗渗混凝土如下。

①抗渗混凝土

目前,最常见的抗渗混凝土类型有普通抗渗混凝土、砂浆外加剂抗渗混凝土和热膨胀混凝土。

②普通抗渗混凝土

普通抗渗混凝土,主要是指通过调节配合比的方式,以增加密实度而达到抗渗要求的混凝土。其原则是在提高和推广的情况下降低混凝土灰比,并减少毛细孔的数量和孔径,并相应增加混凝土用量和混凝土比例,在粗骨料附近建立质地好和面积适当的混凝土覆盖层,与粗骨料相互分隔,阻隔安放在渗孔网与粗骨料互相连接之间。

③砂浆外加剂抗渗混凝土

混凝土砂浆外加剂防水渗漏混凝土结构施工,是在混凝土主体结构中添加适当品种和量的砂浆附加剂,以改变砂浆结构,隔断或封闭砂浆中的所有孔洞、裂纹和渗漏管道,进而获得改善防渗性能的一类砂浆。常见的砂浆外加剂有引气剂、保护涂层、膨化剂、减水剂,或引气性减水剂等。在此过程中,添加引气剂的防水渗漏的混凝土中,其浓度应限制在 3% ~ 5% 之间。在采用防水渗漏的配合比设计时,应加强防渗性能测试,并且在实验过程中,应按照相应的要求开展实验操作。一是采用适配要求的防渗层孔隙水压限值时,应比设计限值增加约 0.2MPa。二是适配时,应选择水灰比大的相配比作抗渗实验。三是对掺引气剂的混凝土需要实行含气力测定,含气力须满足 3% ~ 5% 的规定。

④膨胀混凝土或抗渗混凝土

膨胀混凝土砂浆或抗渗性混凝土结构,是指通过膨胀砂浆所混合而成的砂浆,因为这些混凝土结构在水化过程中能生成巨大的钙矾石,会造成一定量的容积扩张,在有约束的条件下,可以改变砂浆的孔隙构造,使毛细孔直径缩短,多孔性减小,进而使砂浆的密实程度、抗渗性能增加。

（4）钢筋建筑安装结构技术施工要点

施工过程中,钢筋混凝土具有至关重要的作用。

首先,需要对钢筋的使用和安装给予高度关注,在钢筋制作之前需要进行现场取样,并且要保证钢筋自身性能,使其在与混凝土结合后仍能具有稳固性。

其次,在钢筋运用之前还需要对其表面进行清污操作,之后方能对钢筋接头进行焊接处理。针对浇梁板结构,钢筋需对弯度进行强化控制,禁止钢筋在施工之前遭到踩踏和挤压。

再次,需要对钢筋摆放位置进行明确,使施工人员能够在操作中合理分配钢筋结构,避免绑扎期间出现钢筋积压成堆的情况。

最后,在钢筋安装过程中,相关人员需要对钢筋搭接长度、钢筋位置以及受力钢筋净间距给予高度关注,并在施工期间对其进行整体控制。要结合建筑主体结构设计需要将主楼中的 I 级、II 级钢筋搭接和锚固长的钢筋直径设置为 30d,裙房设置为 20d。此时钢筋为封闭筋,其末端需要进行弯折处理,弯折角度为 135°,端头平直长的钢筋直径为 10d,对框架梁和柱节点,还要进行详细处理,防止出现漏做和质量不好的情况。此外在钢筋接头设计过程中还需对其进行重点关注,避免在柱端或梁端设置箍筋加密区同时,要运用机械连接方式进行接头。

总之,建筑结构工程作为建筑中的重要形式,其自身质量与人们的生命安全具有至关重要的作用。作为其中主要建设技术,钢筋混凝土施工技术,相关人员应对其进行高度关注。在实际施工过程中应对混凝土施工技术的自身建设要点进行全面把握,使得各个环节中容易被忽视的细节能够得到关注和优化,从而提升施工质量水平。

四、 混凝土冬期施工

(一)混凝土受冻临界强度

混凝土受冻临界强度,指的是所使用与浇筑的混凝土在受冻之前达到某一初始强度值。解除冻害之后,温度恢复正常,混凝土自身强度仍然会接着增长,经 28d 后,混凝土最终强度需要达到设计强度的 95% 以上,混凝土在受冻前的这一初始强度值就被称为受冻临界强度。混凝土受冻临界强度(见表 4-1)。

表 4-1 混凝土受冻临界强度

普通混凝土		掺用防冻剂的混凝土	
配制混凝土的水泥品种	受冻临界强度	室外最低气温 /℃	受冻临界强度 /(N·mm-2)
硅酸盐水泥或普通硅酸盐水泥	不低于 fcu.k 的 30%	不低于 -15	≥ 4.0
矿渣硅酸盐水泥	不低于 fcu.k 的 40%	不低于 -30	≥ 5.0

注:1. 强度等级等于或高于 C50 的混凝土,受冻临界强度不宜小于 fcu.k 的 30%。
2. 有抗渗要求的混凝土,受冻临界强度不宜小于 fcu.k 的 50%。
3. 有抗冻耐久性要求的混凝土,受冻临界强度不宜小于 fcu.k 的 70%。

(二)冬期施工混凝土的养护

1.混凝土的拆模

在混凝土养护到一定时间之后,需要在同等条件下对养护的混凝土进行试块试压,确保混凝土达到一定的规模与强度之后才能展开拆模。如果构建模板与保温层采用的是加热法施工形成的,那么混凝土需要冷却到 +5℃后才能进行拆模工序。如果混凝土与外界温差较大,如大于 20℃,此时拆模之后应该将混凝土进行覆盖,让其缓慢冷却到正常温度。如果在拆除模板的时候发现混凝土被冻害了,则需要停止拆模,只有对冻害情况进行局部处理之后才能再一次进行拆模工序。

2.混凝土冬期施工质量检验和温度测定

冬期施工混凝土的质量保证,除按《混凝土结构工程施工及验收规范》的规定,进行质量检查以满足常温下施工的质量要求外,还应符合冬期施工规定。

（1）外加剂应经检查试验合格后选用,应有新产品合格证或试验报告单。

（2）混凝土冬期施工,外加剂应溶解成一定浓度的水溶液,按要求准确计量加入。

（3）检查水和骨料的加热温度,混凝土出机、浇筑、硬化过程的温度,每个工作班至少应测量 4 次,测定混凝土温度降至 0℃的强度,并做好检查测试记录。

（4）混凝土浇筑过程中的试块留置除与常温下施工相同外,还应增加两组补充试块与构件同条件养护,用于测定混凝土受冻前的强度,以及与构件同等条件养护 28d 后转入标准养护 28d 的强度。

五、 常见质量问题与防治

（一）混凝土工程施工质量控制

混凝土质量控制，应从混凝土组成材料、混凝土配合比设计及混凝土施工的全过程进行控制。在混凝土施工中，要求混凝土的强度等级必须符合设计要求，其配合比、原材料计量、搅拌、养护和施工缝处理必须符合施工验收规范的规定。

对于每批运抵现场的商品混凝土，应该做坍落度试验，一个台班至少抽查两次，并做好记录备查。应该根据规范要求保留好混凝土试件，用于评定混凝土结构强度的试件，应在混凝土的浇筑地点随机抽取。

（二）混凝土工程施工质量验收

一是混凝土结构工程施工在验收时，其质量需符合下列要求。

其一，结构实体检验结果满足《混凝土结构工程施工质量验收规范》（GB50204—2015）的要求。

其二，需要提供完整的质量控制资料。

其三，混凝土分项工程的施工在质量验收时需要符合要求。

其四，混凝土结构观感质量的验收需要达到要求。

二是混凝土结构在施工质量验收过程中，如果发现其质量不合格，需要按照以下要求与规定进行处理。

其一，不合格的构件、部件需要进行返工、返修、更换，待完工以后再重新进行质量验收。

其二，有资质的检测单位在检测过程中鉴定设计要求合格，应准予验收。

其三，有资质的检测单位如果检测某些工序达不到设计要求或者不符合质量要求，但是经过施工单位核算与确认后确定不影响结构安全或者使用，那么也可以准予验收合格。

其四,某些分项工程经过返修、加固、重新施工之后,经过检测可以满足建筑结构安全使用要求的,就可以依据协商文件或者技术处理方案准予合格验收。

第 五 章

钢结构安装

钢结构建筑是当前建筑工程领域的主流建筑,与传统的钢筋混凝土结构相比,钢结构建筑具有施工速度快、构件可以预制、拼装方便等特点,与现代化的建筑工程施工相契合,但其对各个钢结构组件有较高的要求。本章重点分析和探讨钢结构安装。

一、 钢结构零部件的加工制作

轴心受力构件广泛应用于建筑机械钢结构中。例如,起重机的吊臂、塔身、平台支架等结构,很多就是由轴心受力构件组成的。

轴心受力构件按其受力特点来分,有轴心受拉构件和轴心受压构件两种。作用在轴心受力构件上的轴心力 N 通过截面轴心且与构件轴线重合,截面上仅承受均匀的正应力(拉或压),构件相应的产生轴向变形(伸长或缩短),不发生弯曲(仅当压杆丧失稳定时才发生弯曲)。

按结构型式,轴心受力构件可分为实腹式和格构式两种。实腹式轴心受拉构件常采用轧制的单角钢、单槽钢、圆钢或由双角钢、双槽钢组成的各种截面型式,如图 5-1 所示,其中图中 c 为弯曲薄壁型钢。受力不大的轴心受压构件,也可采用上述截面型式。

用垫板连接成双角钢(或双槽钢)的组合截面构件(图中的 d,e,f),是一个整体,但垫板间的距离 11 不宜超过下列数值:

对于受拉构件: 11 ≤ 80i¹

对于受压构件: 1: ≤ 4011。

式中 i^1 表示一个角钢(或目网)对至少 1-1 轴的回转半径(图中的 d,e,f)。

压杆中垫板的设置,在构件的计算长度范围内(对 y-y 轴而言)应至少两块,否则当构件屈曲时,由于一块垫板正好处在节间中央(此处 V=0)而将不起作用。

受力较大的轴心受压构件,可以采用双轴对称实腹式截,如图 5-2 所示,以及格构式截面型式。

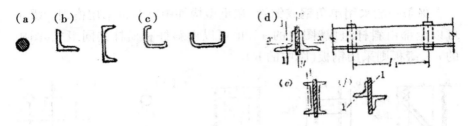

图 5-1　轴心受拉杆件的截面型式

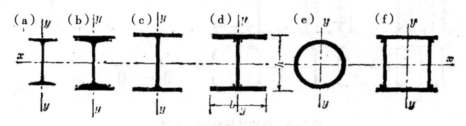

图 5-2　实腹式压杆的截面型式

实腹式截面可以做成工字形和封闭形等几种型式,在选用这些截面型式时,应综合考虑以下因素。

截面面积应尽量向外扩散,以增加截面的回转半径,提高压杆抗弯和抗扭能力。

两个主轴的稳定性尽可能接近,即要求稳定度,一般来说,应使 $x=\lambda$,以便于与其他构件连接,同时制造省工,符合现有钢材的规格。

格构式截面的构件常以槽钢、工字钢、角钢或钢管作为肢体,用缀条或缀板连接而成(见图 5-3)。

用槽钢做成的双肢格构式截面,槽钢的翼缘可以向内(图中的 a)也可以向外(图中的 b)。通常采用向内放置,这样在轮廓尺寸相同的情况下,可获得较大的刚度,且外观平整,便于与其他构件连接,当受力较大时,可采用工字钢作为肢体,由四个角钢(或钢管)组成的格构式截面在两个方向都可以得到较好的刚度,可用在桅杆起重机的转柱、塔式起重机的塔身和吊臂等结构中(图中的 c,f)。近年来,在塔式起重机的塔身和吊臂中,还采用了由三根钢管(或型钢)做成的缀条格构式构件(图中的 d,e),自重较轻,形式也较美观。

缀条一般采用单角钢或钢管,在重型构件中有时也采用槽钢。缀条可以全部由斜杆组成(图中的 a),也可以由斜杆和横杆共同组成(图中的 c),缀板则采用钢板(图中的 b)。

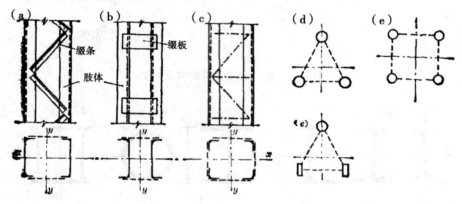

图 5-3　格构式压杆的截面型式

二、　钢结构连接

(一)钢结构安装自动焊接机器设备

房屋建筑钢结构安装施工中,各构件之间装配连接都需要焊接,传统方式为电焊机手工焊接,其中,每节钢柱安装对接处的焊接工作量相对较大,焊工的劳动强度也大。随着愿意从事建筑钢结构安装焊接的技工越来越少且人工成本越来越高,焊工短缺的压力也越来越大。建筑钢结构柱、梁框架安装施工,是先将每一节同平面的钢柱与基础平面、下一平面的每一节钢柱对应连接定位,然后用钢梁将同平面的每节钢柱相互连接成一体,对钢柱、钢梁的标高和垂直度及水平度检测矫正后,在它们的连接处进行焊接固定。通常钢柱截面为方矩形,钢管、钢梁,为H 型钢,其中钢柱之间对接面的四条边需全部焊接,焊接工作量相对较大,这为机器自动焊接提供了相对较好的条件。如钢柱对接面采用机器进行焊接,则可替代手工焊接以减轻焊工的劳动强度、缓解焊工短缺及人力成本增高的压力。

1. 钢柱焊接工况条件和对机器功能的基本要求

（1）钢柱焊接工况条件

为缓解建筑钢结构安装施工中焊接技工日趋缺乏且人工成本不断增高的难题,研究开发相应的自动焊接机器设备来替代手工焊接,不失为解决问题的有效途径之一。这种机器设备针对建筑钢结构安装施工中钢柱对接的焊接而研发,如得以实际应用,可在一定程度上缓解建筑钢结构安装中焊工短缺的压力,同时有利于提高焊接外观质量的稳定性和一致性,具有较强的实用性。

平面端隔板,上节钢柱底端为管端面坡口加钢衬垫,两者在连接处形成横截面为单边梯形的沟槽,即为需要焊接的焊缝（见图 5-4）。

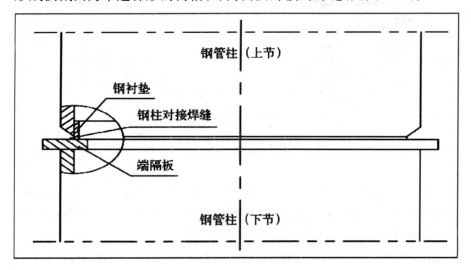

图 5-4　管柱对接示意图

上节钢柱底端坡口角度根据钢管壁厚不同,一般为 35°～45°;扁条状钢衬垫装配时紧贴管壁内四条边并外露一定长度,上节钢柱底端钢衬垫平面与下节钢柱顶端隔板同轴线连接;四条直边焊缝由机器自动焊接,四个拐角由人工加以补焊,由此完成钢柱对接安装固定的施工要求。

（2）对机器功能的基本要求

根据焊接工艺质量要求,采用机器设备焊接时,机器设备需具备以下功能(见图 5-5)。

①焊枪头部能做三维直线运动。

②焊枪头部能竖向、平向摆动。

③焊枪轴线竖向倾斜角度可调节。

④机器在钢柱上便于安装和拆卸。

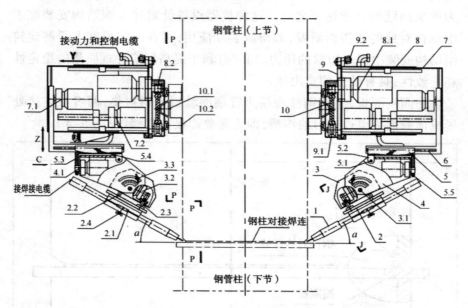

1—焊枪;2—焊枪固定件;3—平摆装置;4—竖摆装置;5—支架挂件;6—升降支架;7—支架平移装置;8—运动机体;9—导向机架;10—机架承托导轨;2.1—焊枪卡座;2.2—平摆挂轴;2.3—摆动杆;2.4—压力弹簧;3.1—挂轴;3.2—驱动传动机构;3.3—角度定位螺母;4.1—驱动传动机构;5.1—挂件短轴;5.2—吊耳板;5.3—立面板;5.4—平位固定螺栓;5.5—传动件固定螺栓;7.1—驱动传动机构;7.2—驱动传动机构;8.1—驱动传动机构;8.2—主动齿轮;9.1—导向槽轮;9.2—固定螺杆手柄;10.1—导轨磁铁固连件;10.2—永磁开关磁铁座。

图 5-5　机器设备组成及应用场景示意图

2. 机器设备组成

机器设备主要由焊枪、焊枪固定件、平摆装置、竖摆装置、支架挂件、升降支架、支架平移装置、运动机体、导向机架和机架承托导轨组成。另配备电焊机(含送丝机,以下相同)、焊接操控器和主控箱,为焊枪的焊接工作提供电源并进行运行控制。

3. 机器设备功能机理

焊枪固定件的下部,由焊枪卡座承装焊枪,上部通过平摆挂轴和摆动杆、平摆装置连接。平摆装置通过挂轴与竖摆装置连接,并可通过挂轴的转动角度来调整焊枪的俯角姿态;平摆装置内设置驱动传动机构,通过驱动摆动杆往复摆动使摆动杆的下端带动焊枪固定件绕着平摆挂轴摆动。调整偏心轮的半径或偏心距可改变摆动杆的平摆幅度;调整驱动传动机构的电量参数可改变摆动杆的平摆频率。平摆装置两侧的同轴线挂轴与竖摆,居中装置并连接,在竖摆装置的两侧板上以挂轴为圆心对称开设一段圆弧槽孔,在槽孔的下方设置,角度标记牌(每10°一条标记线)。在平摆装置两侧,对应槽孔的竖向中心位置各设置一个长螺杆,并装配角度定位螺母;平摆装置绕挂轴转动,焊枪轴线与钢柱对接面所需夹角位置,采用角度定位螺母锁定。

竖摆装置与支架挂件连接,竖摆装置内设置驱动传动机构,通过偏心轮在立面板传动孔中的圆周转动,使竖摆装置以挂件短轴和吊耳板为转动支点作竖向往返摆动,从而带动平摆装置、焊枪固定件及焊枪头部作竖向往返摆动。调整偏心轮的半径或偏心距可以改变竖摆装置的竖摆幅度,调整驱动传动机构的电量参数可以改变竖摆装置的竖摆频率。

支架挂件与升降支架采用滑槽装配连接,使支架挂件相对升降支架平移滑动,并由平位固定螺栓进行固定,以此调整焊枪头部与对接焊缝的工作距离。升降支架在竖向与支架平移装置内的驱动传动机构相连接,使升降支架带动与其连接的部件和焊枪竖向移动。支架平移装置与运动机体插接装配于一体,通过设置在运动机体中的驱动传动,机构驱使支架平移装置相对运动机体纵向平行伸缩移动,从而带动与其连接的部件和焊枪相对钢柱表面水平移动。

　　运动机体与导向机架装配,采用固定螺杆手柄,并进行固定,导向机架与机架承托导轨装配连接。运动机体的驱动传动机构通过主动齿轮与机架承托导轨上的齿条相啮合,使运动机体带动与其连接的部件和焊枪沿机架承托导轨作横向直线运动。导向机架设置两组(共四个)导向槽轮,各组槽轮分别与机架承托导轨上、下、沿边相连接,为运动机体在机架承托导轨上的直线运动提供导向。机架承托导轨的一侧通过导轨磁铁固定连件与装有两组(共四个)永磁开关磁铁座的磁铁组相连接,利用磁铁组的吸附力使机架承托导轨固定在钢柱表面上,为运动机体及其所连部件提供稳定支撑。

　　两组永磁开关磁铁座装配于导轨磁铁固定连件的箱槽中,并采用两组螺栓螺母与机架承托导轨连接固定,在机架承托导轨本体上制备若干组通孔,以满足两个磁铁组安装间距调整的需要。焊接操控器、主控箱与电焊机相连接,电焊机与运动机体相连接。焊接操控器可对平摆装置、竖摆装置、升降支架、支架平移装置、运动机体、导向机架的动作以及电焊机、焊枪的自动检测与焊接工作进行现场操控,主控箱配备焊接软件和数控系统,根据焊缝检测结果和相应的工艺参数,对机器运行和焊枪的焊接工作过程进行程序自动控制(见图5-6、图5-7)。

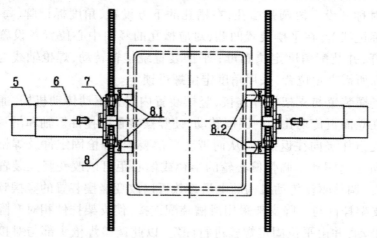

5—支架挂件;6—升降支架;7—支架平移装置;8—运动机体;8.1—驱动传动机构;8.2—主动齿轮。

图5-6　机器设备组成及应用场景俯视图

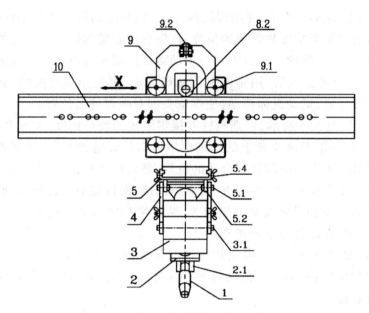

1—焊枪；2—焊枪固定件；3—平摆装置；4—竖摆装置；5—支架挂件；9—导向机架；10—机架承托导轨；2.1—焊枪卡座；3.1—挂轴；5.1—挂件短轴；5.2—吊耳板；5.4—平位固定螺栓；8.2—主动齿轮；9.1—导向槽轮；9.2—固定螺杆手柄。

图 5-7 P-P 剖视图

4.机器设备应用场景描述

（1）如图 5-5 所示，为避免单边焊接，受热变形，焊接时需安装两套机器对称，施焊。

（2）如图 5-5 ～ 图 5-7 所示，根据钢柱的截面尺寸，将两个装配永磁开关磁铁座的导轨磁铁固定连件安装到合适的位置。

（3）将导向机架与机架承托导轨装配为一体，再将机架承托导轨上的两组，永磁开关磁铁座置于上节钢柱表面上距离对接焊缝适当高度的位置处，并使机架承托导轨与对接焊缝面平行，然后将永磁开关磁铁座的开关闭合。

（4）如图 5-5 和图 5-6 所示，将运动机体装配到导向机架上并使主动齿轮与机架承托导轨上的直线齿条相啮合，再用固定螺杆手柄将运动机体与导向机架固定。

（5）如图 5-5 所示，使用焊接操控器，控制运动机体远离钢柱表面，使其移动到不影响安装焊枪的位置，再将焊枪安装到焊枪固定件的焊枪卡座中，并用卡紧螺杆螺母固定。手动将焊枪轴线与钢柱对接面的夹角 α 调整到合适位置后，用角度定位螺母锁定，再使用焊接操控，其控制支架平移装置、运动机体移动，使焊枪头部对准焊缝槽位置。

（6）如图 5-5 所示，根据钢柱对接焊缝槽的坡口角度、宽度和深度，将支架、挂件沿升降支架上的凹槽向钢柱对接焊缝槽平移，使焊枪头部与焊缝槽的工作间距调整到合适的位置，然后用平位固定螺栓固定。

（7）如图 5-5 ~ 图 5-7 所示，使用焊接，操控器驱动焊枪运动机头、支架平移装置和升降支架在横向 X、纵向 Y 和竖向 Z 进行移动，以调试焊枪的三维移动状态是否正常。

（8）如图 5-9 所示，根据焊缝情况及焊接工艺需要，如不采用竖摆前行的焊接轨迹，则使用焊接操控器关闭该功能，并用传动件固定螺栓锁定偏心轮。

（9）焊接操控器利用焊枪的头部焊丝对焊缝槽截面尺寸进行检测，主控箱获得焊接工况参数后为电焊机匹配合适的焊接工艺参数，或根据需要人为设置参数。

（10）根据焊缝情况及焊接工艺要求，可选择焊枪头部直线前行、平摆前行和竖摆前行三个焊接轨迹。在焊接操控器上启动某一焊接工作程序，平摆装置、竖摆装置、升降支架、支架平移装置、运动机体会遵循相应的焊接程序带动焊枪动作，电焊机和主控箱控制焊枪按照相应轨迹进行焊接工作，以达到工艺技术要求后自动停机。

（11）开启永磁开关磁铁座的开关，将运动机体、机架承托导轨先后拆卸下来，再按上述步骤完成钢柱另外两个对称面焊缝的焊接工作。

（12）电焊机选择具有数控功能及通信接口的二氧化碳气体保护焊机型；焊接操控器和主控箱专门设计，配置数控程序软件和焊接工艺数据库。综上所述，当前在建筑钢结构安装施工中，焊工缺乏与人工成本增高是不得不面对的一个难题。

上述研究提出的自动焊接机器设备可在一定程度上替代手工焊接，是解决问题的一种途径。同时，上面所述的自动焊接机器设备应用场景广泛，有利于提高焊接外观质量的稳定性和一致性，具有较强的实用性（见图 5-8、图 5-9）。

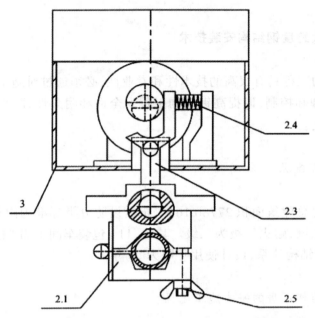

2.1—焊枪卡座；2.3—摆动杆；2.4—压力弹簧；2.5—卡紧螺杆螺母；3—平摆装置。

图 5-8　J-J 向视图

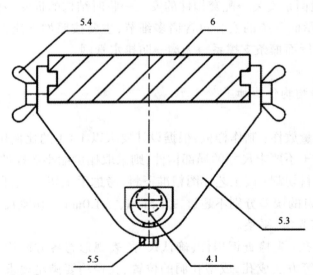

4.1—驱动传动机构；5.3—立面板；5.4—平位固定螺栓；5.5—传动件固定螺栓；6—升降支架。

图 5-9　C 向示意图

（二）大跨度钢结构安装技术

钢结构工程具有很高的技术性和专业性，必须通过对施工工艺进行有效的管理和控制，以提高钢结构工程安全性和耐久性，防止重大安全事故的发生。

1. 工程概况

某厂房总建筑面积 27780.16m²，抗震设防分类标准为丙类，抗震设防烈度为六度，耐火等级为三级。其中，11# 包装车间采用"独立基础 + 钢结构"的结构体系，设计使用年限为 25 年。

2. 钢结构厂房的基本施工流程

现场准备（三通一平）→工程物资进场（钢构件及用于吊装的各类设备）→主体框架总装→支撑构件安装→构件杂物清理及防锈处理→地面系及屋面系安装→配套构件的安装→临时结构的拆除→验收。

其中，屋面系统的安装包含诸多细节，主要按照如下流程安装各部分：主梁→屋面檩条支撑系→天沟→防排水管网。

3. 钢结构构件的加工

（1）测量放样：制作样板，根据设计要求以 1∶1 的比例用金属针刻画放样；对于不要求尺寸的局部构件，则采取比例缩小放样的方法。

（2）下料切割：按工艺详图精准下料，考虑手工切割、全自动切割两种方式，各自的误差分别不超过 ±1.5mm、±1.0mm。切割尺寸需准确，切割边缘需光滑、平整。

（3）成孔：先检查钢构件，确认尺寸、表观形态各方面均无误后，以氧割、冲孔等方法成孔，成型孔洞的位置、孔径均要满足要求。成孔后，以物理、化学两种方法进行孔位校正。

（4）总装：采取断焊的总装方法，断焊在全断面内均匀分布，焊缝长度不大于设计标准的 2/3，要求焊接强度和刚度均达标。部分结构的焊接作业细节多、质量控制要求高,为保证焊接的有效性,需提前搭设焊接作业平台,由具有资质的人员在此作业空间内焊接。对于 H 型钢,采用门式埋弧焊机焊接。

（5）防护:钢构件有锈蚀的可能,先用自动喷丸除锈工艺清理表面的锈迹及其他杂物,再向洁净的表面涂抹底层防护漆,隔绝外部因素对钢构件的影响,起到防止锈蚀的作用。

（6）验收:严格依据规范安排钢结构的质量检验,从结构整体和细部展开分析,以确保各项指标均达到要求。

4.钢结构基础施工技术要点

（1）预埋时,精准检测地脚螺栓的位置并调整,在保证地脚螺栓位置准确的同时使其保持稳定可靠。

（2）配套钢制模板用于辅助定位,以提高螺栓的紧固强度。

（3）螺栓预位后,检查螺栓丝扣标高,若无误再焊接至钢筋网上。

（4）在螺栓外表面增设防护壳,发挥出防护作用,避免螺栓受损。

5.钢结构安装施工技术要点

（1）施工准备

以构件明细表为准,详细检查构件,以保证规格、质量、数量各方面的合理性。

隐蔽工程包含预埋件、厂房基础等,作业细节多,安装人员需加强构件轴线位置的校核、标高偏差的控制等。

钢结构安装期间涉及丰富的测量作业,必须由专业人员负责,配套相同的测量辅助工具,以保证测量标准的统一性。

（2）钢结构的安装

钢构件吊装采用 2 台 12t 的汽车吊,配套的小规格构件以人工吊装的方式转至指定位置。主梁的跨径较大,完全进行高空吊装时潜在诸多风险,且技术实现难度高,因此,可调整为先地面组装成形,再整体吊装的方法,其间由数名人员辅助,扶正钢梁。

提前明确待吊装的构件,规划吊装顺序,做好构件进场、吊装设备配套等前期准备工作,由施工人员严格依据吊装顺序依次吊装各构件。

承载钢柱吊装时,及时检测钢柱位置,对比分析实测结果与设计要求,针对偏差加以调整,同时将钢梁拼装就位,以缩短施工时间。

在吊装承载钢梁时,在承重钢柱和钢梁校正后安装横向系杆,采用此构件增强主体的稳定性。

待主体结构吊装到位后,将檩条、支撑系统等配套构件安装到位。

（3）钢柱的吊装与校正

人工辅助提升预位,再用螺旋法吊装至指定位置,确认无误后予以固定。钢柱吊装示意图(见图5-10)。

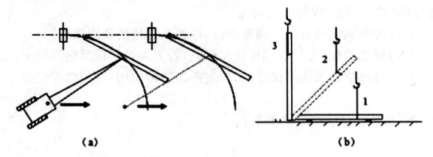

（a）平面布置；（b）旋转过程；1- 柱平放时,2- 起吊中途,3- 直立。

图 5-10 螺旋法吊装示意图

匀速起吊绑扎稳固的承重柱,吊离地面0.2m时暂时停止起吊,检查吊索和吊钩是否稳定可靠、回转刹车系统是否灵敏有效,若各项吊装条件均无误,则继续吊装承重钢柱,直至与安装作业面保持 40 ~ 100mm 的距离为止,以基准线为参照基准,精细控制吊装机械的作业姿态,将承重柱插入锚固螺栓上。经过初步校准后,允许起重机脱钩。

用经纬仪进行承重柱竖向校准,要求竖向承重柱的中线偏差控制在许可范围内。

（4）钢梁的吊装与校正

钢构件到场后,先拼装,成形结构满足设计要求后再安排吊装。以两点平衡法进行承重钢梁翻身起板,其间由专员配合,保证翻身起板的精准性。

承载钢梁翻身后,安排试吊,检查吊点的受力是否具有均匀性;旋转承载钢梁直至其到达设计位置,拉动调控绳索,控制转动的姿态,到达指定位置后,采用扳钳对承载梁孔道做固定处理。钢梁起吊示意图（见图 5-11 ）。

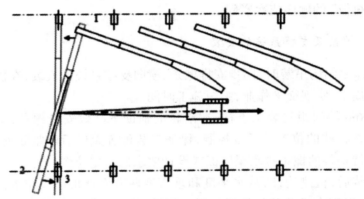

1- 吊升前的位置；2- 吊升过程中的位置；3- 对位（就位）后位置。

图 5-11　钢梁的起吊示意图

首榀承载钢梁的吊装效果对后续各榀钢梁的吊装均有明显的影响,吊装时需增设四道临时支撑缆风绳,加强对吊装姿态的控制,将首榀承载钢梁精准吊装到位,再安排后续各榀的吊装作业。对于二榀后的承载梁,联合采用横向连系梁和屋面檩条做补强处理,本钢结构厂房的横向跨径达到 24m,出于维持结构稳定性的考虑,设不少于 5 道的临时加固构件。

钢梁吊装时用承重钢柱校核,待主梁吊装到位并且无质量问题后,松开缆索。

（5）柱底板垫块的安装及二次灌浆

承重钢柱安装时,在底部端头位置增设垫板,以便调整承重柱的高程。垫板的厚度等同于基础结构表面高程和承重柱底板高程的差值,在确定厚度后,根据垫板的规格控制数量,实现对承重柱高程的有效调整。钢结构主体吊装到位后,取比柱混凝土标号高一级的混凝土进行注浆。

（6）高强度螺栓的设置

承载钢梁及承重柱连接件安装到位后,清理接触面上附着的杂物,用高强螺栓连接。从中心向边缘依次紧固,首先完成主体结构的紧固作业,维持主体框架的稳定性后,再紧固次要构件。梁柱连接点的紧固按照"上节点→下节点→中节点"的顺序进行,H型钢板以"上翼缘→下翼缘→腹板"的顺序依次紧固。

（7）檩条及支撑系统的安装

主体钢结构吊装时,同步安排檩条、横向支撑系统的安装,在协调得当的前提下,实现交叉作业,缩短施工时间。

按6m的间距安装承重柱,在滑轮的辅助下高效安装檩条,安装人员检查螺栓孔的位置并予以控制,保证安装位置无误后做紧固处理,由人工将待安装的檩条拉动至屋面或设计要求的指定位置。

吊装后,检测构件,从水平度和垂直度两方面评价吊装位置的准确性,若无误则在承载柱间设置水平支撑系,提升构件的稳定性。横向连接系的调整以循序渐进的方式进行,适当放松一侧连接强度,给予适当的空间以便调整竖向柱,使其呈垂直的姿态后,予以紧固,按该流程调整后,在保证位置准确性的同时还可避免由于紧固力过大而引发局部应力集中问题。

梁隅撑由地面连至顶梁,用高强螺栓与檩条连接。山墙角钢固定在山墙檩条以下的翼沿处,台度角钢用膨胀螺栓紧固。

檩条的水平度需在屋墙面系杆和拉杆安装阶段便得到有效的调整,并针对檩条存在的变形问题采取修整措施,使檩条能够有效使用。

6.建筑钢结构工程施工技术控制要点

（1）钢结构吊装技术要点

　　吊装前,全面检查参与吊装的各类材料和设备,调查施工环境,识别安全隐患后采取控制措施。根据吊装要求,将挂篮、爬梯设施等置于指定位置,为吊装提供辅助作用。为避免钢柱吊装时与地脚螺丝发生碰撞,根据构件规格采取防护措施,在安全的前提下吊装。吊装过程中,安排专员检测吊装高度和垂直度,根据实测结果采取控制措施。埋件安装属于隐蔽工程,需精准测设中心线,在指定位置将埋件安装到位。固定埋件前检测埋件的位置,针对偏差采取调整措施,确保埋件不会由于混凝土浇捣的扰动而出现偏位、受损现象。

　　埋件安装精度对钢结构安装和定位有明显的影响,必须根据施工图纸要求控制埋设位置,以保证埋设的精度。根据型号的不同,在柱基定位板中将埋件置于指定位置,检查轴线,若偏差被控制在许可范围内,对埋件做固定处理。柱底面可能残留渣土和浮锈,需将各类杂物清理干净,再安排各节段钢柱的调整,确保上、下相邻两节钢柱的中心线重合。

　　吊装必须在安全的前提下进行,合理选择绑扎点是高效吊装的关键所在。通过垫木的应用,稳固构件,以防在起钩、旋转等运动时出现明显的摆动。待各项吊装准备工作均完成后,安排检查,确认无误方可吊装。在钢柱中绑扎爬梯,维持爬梯的稳定性,可保证垂直交通有足够的安全性。为避免钢柱在吊装期间发生大幅度的晃动,需拉设缆风绳,以便精准控制被吊构件的姿态。钢梁吊装前,先将表面附着的杂物清理干净。加强对标高与钢梁轴线的检验,根据实测结果与设计要求的差值做精细化的调整,以提高钢梁吊装精度。详细检查钢梁和连接板的贴合方向,予以控制。按照流程有序吊装钢梁,检测框架的垂直度并根据偏差采取纠偏措施。钢梁的水平方向、上下方向的偏差均要控制在许可范围内。

（2）钢结构焊接技术要点

　　焊接是钢结构厂房安装中的重要环节,为保证钢结构的稳定性,需由具有资质的焊工严格依据规范采取焊接措施。钢梁焊接环节常采用坡口技术,焊接人员根据现场焊接条件和焊接质量要求妥善应用该项技术,待顶梁柱和梁节点的焊接均结束后,安排梁柱底部的焊接,最后将中间部位梁柱节点的焊接作业落实到位。构件间的对接需准确与稳定,例如柱中间的对接、柱与梁的对接,在此方面均可采取对称焊接的作业方法。对于引出板、钢垫板等部位,以坡口焊接的方式为宜,但在操作前需安排预热处理,以便焊接的顺利进行,保证焊接的有效性。

钢结构焊接时,先选择质量达标的焊接材料,例如焊丝、焊条、焊剂。焊接前抽样检测,确认原材料无质量问题后方可投入使用。对焊材的微合金化程度进行控制,以保证焊缝有足够的强韧性。由专业人员妥善保管焊接材料,用于存放焊材的库房需具备良好的通风条件,使焊接材料维持干燥的状态。定期检测库房的温度和湿度,识别对焊材质量造成影响的因素,采取控制措施。为焊材配置专用货架,禁止直接置于地面或紧靠墙面,根据焊材的规格分类存放到位,根据焊接作业要求从特定的类别中取用。为尽可能减小焊接误差,妥善选择自由端,规划杆件的布设位置。焊接涉及的细节多,焊工需按照特定的顺序依次开展焊接作业,避免由于工序交叉、工序前后顺序调换而出现返工现象。

坡口位置处理时需尽可能减少收缩量,为此采用小角度和窄间隙的方式,合理控制长度,减小误差。对于收缩量的控制,多层多道的方式更具可行性,在此条件下有利于钢结构焊接作业的顺利实施。适度预留收缩余量,避免拼装块在焊接期间出现变形现象,并加强对桁架的检查,根据检查结果采取矫正措施。焊接后,焊缝表面可能存在微小的缺陷,为此以打磨的方法加以处理,对于咬边和焊缝尺寸偏差,可采取补焊的作业方法。经过对焊缝缺陷的精细处理后,保证焊接质量的可靠性。通过 NDT 检测方法的应用,可判断钢结构内部超标缺陷,并根据检测结果制订处理方案,提高钢结构内部的质量。

综上所述,在建筑领域应用钢构件是今后的发展趋势。尽管目前应用较为普遍,但还存在一些不足之处。因此,在进行工程建设时,必须严格规范工程材料,确保施工技术可以符合要求,以提高工程施工效率,保证建筑物的安全稳定。

（三）大跨度钢结构连廊安装技术

随着建筑科技的发展,人们对大跨度建筑的需求越来越多。尤其在钢结构领域,由于其相对于其他建筑材料轻质、高强、绿色的特点,使得大跨度钢结构的应用越来越广泛。大跨度钢结构是指建筑物之间的一种架空结构连廊,结构长度更大,通常可达到数十米以上。大跨度钢结构不仅是实现建筑设计造型的常用结构,而且还能够突出建筑真正的使用价值和效果。大跨度钢结构在超限结构中的应用越来越多,但是在大跨度钢结构连廊施工中,由于构件截面、重量超限等因素,使得其吊装工艺、方式、设备选择、吊点、变形等成为施工中的主要控制点,这无形加大了现场施工难度,对现场人员提出了更高的专业技术要求,只有通过安全、经济、高质量的安装技术,才能使大跨度钢结构连廊顺利就位。

1. 项目概况

本项目为雄安新区某新建医院项目总建筑面积 12.2 万㎡,其中地上建筑面积 8.1 万㎡。1# 钢连廊位于 A 栋与 B 栋楼之间为双层结构体系,标高为 5.080m 和 10.290m,构件材质 Q355B,跨度为 41.94m、宽 10.55m,上下两层钢框架结构,共计 123.177T。主要截面尺寸为 HI600×400×16×24、HI900×400×25×30、HI400×400×16×24、HM294×200×8×12。平面为梯形,宽度约 10m,跨度约 42m、26m,楼板厚度 120mm,单元块吊装时单片桁架最大质量为 45.07 吨。

2. 施工技术路线及步骤

由于施工 1 号技术为钢结构路线,结构连廊共计 123T,各类构件约 100 根,钢梁最长 42m,下层钢梁标高 5.080m,上层钢梁标高 10.290m,高度较低。整体提升法:优点为借助专业的提升机械设备将拼装完成的主单元块提升到指定的高度,构件拼装工作主要是在地面进行,具有作业安全系数高,高空作业量少的优越性。同时下道工序的楼承板铺设及防火涂料涂装均可以在提升前完成,较大程度穿插作业以缩短工期。缺点为本项目提升高度太低,经济性不大。散件吊装法:优点为可以降低吊车的吨位,可以使用小型机械;缺点为高空作业多不利安全施工,单根构件吊装施工进度慢,需搭设临时平台增加成本(见图 5-12、图 5-13)。

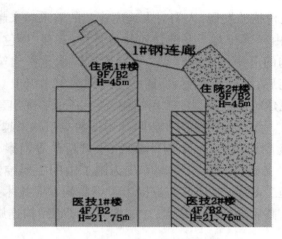

图 5-12　1 号连廊平面布置图

图 5-13　1 号连廊结构图

综上分析,1 号钢结构连廊的吊装方法确定为分片吊装法,即采用"地面拼装 + 分片起吊 + 次杆补嵌"的技术路线。此方法满足了现场预制的深度,大量作业在地面完成减少了高空作业的频次,工期和经济性也相对合理。

3. 安装作业中存在的问题

在现代钢结构发展中,出现越来越多的复杂钢结构体系,伴随出现了诸多力学、技术等施工问题,随着工程要求的提高,施工难度也在不断增加。

结构连廊的预拼装质量是否能满足吊装安全要求和安装精度要求。针对此问题，采用了在结构顶板上搭设拼装胎架，确保胎架上部的标高一致，同时留有操作空间以利于高强螺栓的紧固和焊缝焊接。同时加强检查平面尺寸，重点检查上下弦杆间距、对角线尺寸和起拱量，并采用刚性固定法约束焊接变形。

由于桁架截面细长，侧向刚度较弱，采用传统的翻身方式（吊桁架上弦杆翻转）桁架会侧向扭曲，影响桁架整体质量。采用增加副桁架加固的方式，将增加约 10T 材料的安装和拆除，吊车选型变大及增加高处作业频次等。针对此问题，采用 300T 汽车吊作为主吊，起吊点为桁架上弦；80T 汽车吊为溜尾吊，起吊点为桁架下弦。两部吊车同时将桁架吊离地面至 200mm 后，80T 汽车吊保持不动，300T 汽车吊慢慢起钩、趴杆使桁架慢慢从平面转为立面状态。待 300T 汽车吊完全承载桁架重量后，80T 汽车吊摘钩，提升至安装位置就位。采用此方法可以有效解决超长构件翻身过程中的变形，并减少了采用副桁架加固带来的安装成本、工期、安全风险的增加。

单片桁架起吊就位后，由于球形钢支座 X 向、Y 向有 ±100mm 的滑动位移量，同时桁架处于立面状态受风荷载影响易产生失稳。针对此问题，首先采用在球形钢支座四个面焊接限位块，将上支座板、下支座板固定，限制其滑动。再在桁架上弦拉设两道缆风绳，增加约束保证侧向稳定。待桁架之间次构件安装后形成稳定的刚度单元，再割除限位块、撤除缆风绳。

4. 安装控制要点

（1）桁架预拼装精度控制

桁架预拼装精度关系到吊装后能否顺利搁置在球形钢支座上，同时也影响后续构件的安装。

（2）吊点的选择和焊接

吊点吊耳根据桁架的重量、吊点的位置、钢丝绳的角度等选择板式吊耳，吊耳的尺寸、厚度、焊缝坡口型式等经设计计算后确定。根据现场工况，同时保证桁架吊点处变形较小及控制吊装时的起吊高度和臂长，现场采用两点起吊方法。吊耳选择安装在桁架上弦长度 1/3 处,并确保在弦杆与腹杆的节点处。两个吊耳安装时严格注意安装位置,确保安装于钢梁腹板中心线上,以免位置偏差导致起吊后钢丝绳产生的横向荷载,使得桁架在长度方向产生附加弯矩引起变形。吊耳采用单边 V 形坡口进行焊接,采用反变形法以抵消焊接过程中的焊接变形,以确保吊耳焊接后与翼缘板垂直。吊耳焊接后需在 24 小时后进行无损检测,以确保吊耳焊接质量。

5. 安全注意事项

由于本钢结构连廊跨度超过 36m,属于超过一定规模的危险性较大的分部分项工程,根据国家《危险性较大的分部分项工程安全管理规定》(住房城乡建设部令第 37 号)的要求编制专项方案并组织专家论证。在作业前编制安全技术交底记录,对吊装过程、焊接作业、高处作业、动火作业等进行详细说明,并讲明安装顺序、操作步骤、潜在危险源,使作业人员了解安装方法、安全操作规程。桁架两端设置溜绳,确保桁架起吊后减少桁架的转动,有利于桁架的吊运和就位。单片桁架就位后及时拉设缆风绳,严格按照设计复核的要求进行地锚的连接,做好警示区域,并做好相关人员的安全交底,确保其他作业与缆风绳有效避让。

人员悬空作业安全措施:在钢梁上设置立杆绑扎一道生命绳,生命绳采用直径 12mm 钢丝绳,并在每个立杆处用三个绳夹将钢丝绳紧固。作业人员高空作业时,必须将安全带挂钩挂设在生命绳上,以防高空坠落事故的发生。目前,大跨度钢结构广泛应用于建筑施工中,钢结构相对于传统的砼建筑拥有轻质、高强、绿色、施工速度快等特点,同时还具备模块化施工的特点,将大部分工序在工厂、现场地面进行加工、拼装,这极大地减少了高空作业的风险,加快了施工进度,确保了质量。

三、 常见质量问题与防治

（一）建筑钢结构组装问题

组装问题也是建筑钢结构制作中常见的质量问题，引起此问题的原因比较多，比如在进行钢结构组装中，没有按照设计标准对 H 型钢进行矫正，致使 H 型钢的高度出现偏差；建筑钢结构腹板完成对接之后，没有对焊缝进行校平处理，致使翼腹板的表面出现了明显的凹凸不平问题。

防控措施：

在建筑钢结构制作中为有效解决钢结构组装问题，在进行 H 型钢组装前，需要提前设置好组装胎架，具体情况（见图 5-14）。

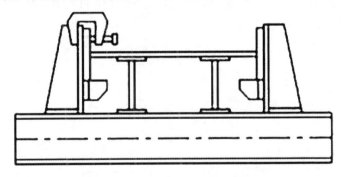

图 5-14　建筑钢结构 H 型钢组装胎架

在进行翼缘板和腹板拼接施工中，需要按照设计图纸中的规定，沿着长度方向进行拼接，并严格控制腹板和翼缘板之间的接缝，二者之间的最大间距不能超过 200mm，并且所有的钢结构拼接和焊接工作必须在 H 型钢组装之前就完成，以免发生组装误差累积问题，影响最终的施工质量。

（二）预留孔位不准确

预留孔位不准确也是建筑钢结构制作中常见的质量问题,因此此种质量问题的主要原因是建筑钢结构制作中孔径尺寸不够准确,或者是孔内存在毛刺。

防控措施:

在建筑钢结构上开孔前,需要按照设计图纸中的要求和规定进行测量放线,精确定位每个预留孔的位置,以保证预留孔之间的距离、排距等都能满足设计要求。

当中心线定位完成后,需要进行多次复查,复查结果达标后再进行钻孔操作。此外,为最大限度地提升钻孔的精度,在开始钻孔前,需要先装好冲模,采取合理的措施处理好可能出现的问题。

虽然制孔方式比较简单,但稍不注意就会影响预留孔位的准确性,影响整个钢结构建筑的施工质量。这就要求每位建筑钢结构制作人员重视制孔过程,严把质量关,以保证每个预留孔的位置、直径都满足建筑钢结构设计的要求。

第 六 章

装配式结构安装

　　装配式建筑施工是在施工现场,将现场或者工厂预制的诸如柱、外墙板、楼板等构件设备进行组装的施工过程。这种方式最大的特点在于快,以及现场工作量少,施工占地面积也较小,受季节的影响也比较小等特点。国际上将建筑的工厂化生产视作21世纪建筑业的趋势和方向,即房屋建筑逐渐从建造向制造转化。由混凝土装配式结构与现浇结构对比来说,有着交叉的整体受力性能,因此在地震设防地区有着较大影响,这一条件阻碍了混凝土装配式结构体系的发展,但是经过专家学者不断的改造和设计,完全可以提升预制结构节点的延性,使得结构设计与地震需求相符合。可见,装配式结构在今后必然有较大的发展和应用。本章就对装配式结构安装进行分析和论述。

一、装配式混凝土结构安装

现阶段,装配式住宅的发展越来越快,而基于混凝土的装配式住宅结构更趋向于合理性,这类建筑的好评率也在不断提升,装配式混凝土结构越来越被关注。尤其是随着我国可持续发展战略的提出,建设节约型社会成为重中之重,这就为装配式混凝土住宅的发展提供了契机。但是受某些限制因素的影响,装配式混凝土结构仍旧存在一些问题。

(一)施工准备

根据建筑工程的实际情况,在构筑预制混凝土工程之前,应该设置相应的施工方案,具体包括构建如何运输与储存、构建如何进行吊装、构建如何进行安装等。在进行施工的时候,会对这些组件进行试安装,并根据结构对方案加以调整与改善,严格按照方案进行构件的组装。预制混凝土结构在进行施工之前,施工单位应该将质量安全技术披露给技术人员与现场操作人员,根据工程特点与施工进度,选择合适的起重设备。

(二)施工工艺

1.构件运输与放置

在前期完成准备工作后,就需要进行预制构件的运输,并且在运输的时候,需要定制严格的运输线路。在构件运输的时候,需要做好固定与保护,避免构件受到损害。另外,在放置的时候,应该考虑预制构件的规格、品种以及受力情况,只有这样才能保证预制构件性能受损。

2.预制墙板吊装施工技术

预制墙板吊装施工是装配式混凝土建筑结构施工过程中的一项重要内容,而此工程的开展需要从如下几点入手。

(1)预制墙板吊装施工的时候,需要清洁外墙接触面,这样才能保证预制构件与接触面接触的时候不会存在杂质。另外,如果温度较高,且外部环境干燥,应该在接触面进行喷水,以保证基础面的湿润度。当然,在喷水的时候一定要注意用量,如果过多,容易产生积水。

(2)考虑施工方案,明确轴线之间的关系,并且画出外墙的定位线和安装控制线,这样可以保证施工的质量。在预制墙板吊装施工的时候,应该在墙壁安装钢筋板定位装置,这样可以监测钢筋安装的位置,避免出现一些不必要的问题。同时,还需要严格控制拼缝的标高(见图6-1、图6-2)。

图6-1　工厂建筑用预制混凝土墙板

图 6-2　工厂建筑用预制混凝土墙板吊装

3. 混凝土施工技术

在进行装配式混凝土建筑结构施工的过程中，还需要对混凝土施工技术加以合理运用，对于这一点，需要从如下几个层面入手。

（1）在混凝土浇筑之前，需要对水电、消防、弱电等加以审核，而且需要考虑施工情况、审核施工图。只有完成验收并由相关负责人签字之后才能进行浇筑。

（2）一般来说，主要采用分层浇筑的方法，并且需要严格控制浇筑的厚度，同时，在浇筑完 1 层之后，会形成初凝状态，之后还需要进行第 2 次浇筑，只有这样才能保证混凝土施工的质量。

（3）完成混凝土浇筑之后，需要进行振捣处理，即采用振捣棒，实现"快插慢拔"。在振捣的过程中，一定要均匀，上下进行振捣，无论采用并列式，还是交错式，都是为了保证浇筑的平整度。另外，在振捣过程中，需要控制插点间距。

（4）在混凝土浇筑施工完成后，需要在 4 ～ 8 小时之内，对表面的泥浆进行处理，去掉浮浆。在开始处理的时候，可以利用长刮尺进行刮平，之后再使用木抹子进行压平。当混凝土初凝之后，如果混凝土表面存在裂缝，就需要进行第二次处理，这样可以消除掉表面的裂缝。

（5）在混凝土施工完成之后，需要进行测温并记录，此时要考虑具体情况具体处理,避免温度对混凝土施工产生不利的影响。但是,在测温时,需要将电子测温仪与测温线加以连接,之后插入主机之中,主机屏幕上就可以显示出具体的温度,这样采集的数据能够保证准确性。

(三)装配式混凝土剪力墙结构的优化

1.装配式单体标准层进度计划初步工作

(1)施工过程分析

在施工阶段,与传统建筑单体相比,装配式建筑具有明显的差异,除了需要原有的现浇结构,还需要对预制构件进行吊装。目前,就装配式混凝土剪力墙结构的住宅来说,主要构件有预制墙板、楼板、阳台板、空调板等。

2.工作分解结构

所谓的工作分解结构,简称WBS,即根据施工项目的具体任务、控制范围、具体目标等,将一个项目根据一定的原则进行分解,将一个项目分解成多个任务,然后再将每一个任务分配到具体的人,直到分解成可以满足要求的基础工作单元,如图6-3所示。这是最基础的方法,也是系统全面地分解项目施工的方法。将这一方法应用于装配式混凝土剪力墙结构的施工中,可以使该工程更为有序。

3.工作逻辑分析

根据《装配式混凝土剪力墙结构住宅施工工艺图解》(16G906)的施工工艺流程,对装配式单体标准的工作逻辑关系进行分析和理解,具体内容如表6-1所示。

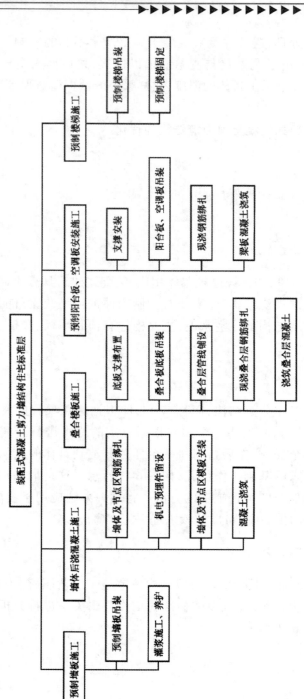

图 6-3　装配式混凝土剪力墙结构住宅标准层工作分解结构图

表 6-1 装配式单体标准层工作逻辑分析表

工作代号	工作说明	紧前工作	备注
A	预制墙板吊装	/	/
B	灌浆施工、养护	A	灌浆料同条件养护试件抗压强度达到 35N/mm^2 后,方可进行对接头有扰动的后续施工。
C	墙体及节点区钢筋绑扎	B	后浇混凝土模板施工工艺流程
D	墙体及节点区机电预埋件留设	C	
E	墙体及节点区模板安装	D	
F	叠合板底板支撑布置	E	叠合板施工工艺流程
G	叠合板底板吊装	F	
H	叠合层管线铺设	K、G	
I	预制阳台板、空调板支撑安装	H	
J	预制阳台板、空调板支撑安装	A	预制阳台板、空调板安装施工工艺流程
K	阳台板、空调板吊装	J	
L	阳台板、空调板现浇钢筋绑扎	K	
M	混凝土浇筑	I、L	/
N	预制楼梯吊装	M	预制楼梯施工工艺流程
O	预制楼梯固定	N	

2.采用关键链法优化工期

(1)关键路线识别

根据表 6-1 所示,相关人员绘制出网络图,用箭线表示工作与其紧后工作之间的逻辑关系(见图 6-4)。

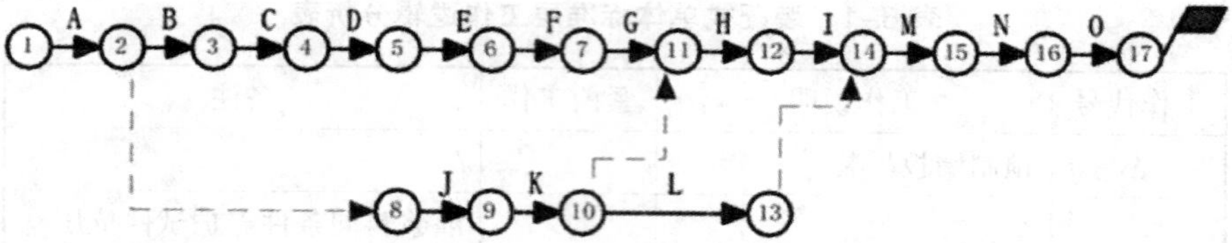

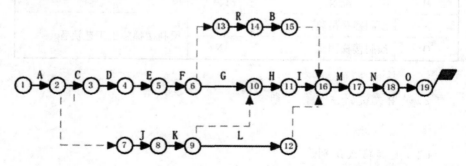

图 6-4　优化前装配式建筑标准层施工逻辑关系图

根据图 6-4 所示,以下 3 条路线都可能是关键路线:

路线 1:A → B → C → D → E → F → G → H → I → M → N → O

路线 2:A → J → K → H → I → M → N → O

路线 3:A → J → K → L → M → N → O

（2）调整工作关系

由于工作 B 和工作 F 在施工的时候会出现冲突,并且考虑对后期预制墙板的定位、垂直度等会造成影响,因此往往会采取在预制墙板安装完成之后,实施灌浆施工。由于工作 B 涉及灌浆施工与养护两个部分,需要消耗很长的时间,因此,可以考虑在工作 F 完成之后再开始工作 B,这样可以对工期进行优化。

为了增强钢筋接头的强度,往往在工作 B 之后紧跟工作 R,即再次对预制墙的垂直度与位置进行微调,之后再进行灌浆施工,就是先布置底板支撑系统,然后进行灌注（见图 6-5 ）。

图 6-5　优化后装配式建筑标准层施工逻辑关系图

根据图 6-5 所示,可能存在 3 条关键路线:

路线 4:A → C → D → B → E → G → H → I → M → N → O

路线 5:A → J → K → H → I → M → N → O

路线 6:A → J → K → L → M → N → O

对比分析关键路线长度：

路线 1 ＞路线 4；路线 2 ＝路线 5；路线 3 ＝路线 6。

因此，先对底板支撑系统进行布置，之后再进行灌浆施工，这样的方式更为合理。

（3）确定关键路径

确定关键路径，就要运用关键链法。关键链法是一种网络分析技术，可以根据有限的资源对项目计划进行调整，关键链法结合了随机性办法，利用进度模型中活动持续时间的估算，根据给定的依赖关系与限制条件绘制项目进度网络图，然后获取一个关键路径，以此对其中存在的资源有无与多寡进行排查，并对关键路径进行校正，以达到优化工期的目的（见图6-6）。

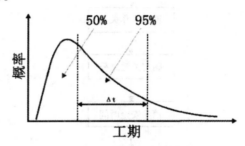

图6-6　工期概率分布曲线图

（4）确定安全时间

对于现浇混凝土施工的各项作业，工作的持续时间往往会被人为因素影响，因此往往会采用减半法，即将实际工作时间按照一半来计算，剩余的一半作为安全时间。

（5）插入缓冲

所谓项目缓冲（PB），往往会被置于关键路径之后，是整个项目的总缓冲区，这样是为了保证关键路径上的任务不会对总工期产生影响。

所谓接驳缓冲（FB），往往会被置于非关键路径进入关键路径的入口，这样是为了保证那些非关键任务能够按照工期完成（见图6-7、图6-8）。

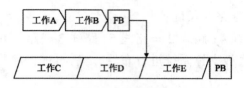

图 6-7　缓冲示意图

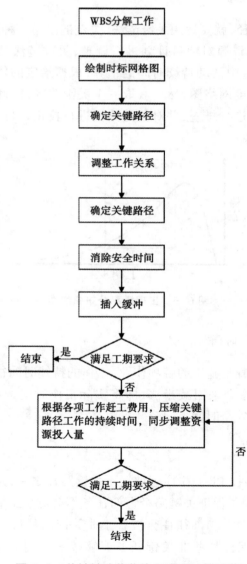

图 6-8　关键链法优化施工进度计划流程

二、 装配式钢结构安装

装配式钢结构建筑因为具有较高的强度、较强的抗震性,且施工方便,这些优点使得装配式钢结构被广泛运用。从用途上,装配式钢结构有重型与轻型两种。前者的特点在于跨度较大、空间较大、强度较大;后者的特点在于拆卸方便、便于安装。

(一)施工准备

装配式钢结构工程主要有如下几种体系,在施工之前,需要做好这些层面的准备。

1.钢管混凝土装配式建筑体系

这一体系是将钢管混凝土作为基本的受力构件,同时设置一些抗侧力构件,如钢板、钢支撑等。其围护结构往往以轻质墙板和新型轻质墙板为主,后者往往根据构造的形式分为三种:内嵌式、外挂式、内嵌外挂组合式。其中,内嵌式墙板需要钢结构进行支撑,因此施工起来非常复杂,应用并不广泛。而外挂式墙板、内嵌外挂组合板相对来说应用较多。

与传统的钢建筑和钢筋混凝土建筑相比,这一体系在抗震性能、力学性能等层面非常优良,能够节省钢材、降低成本。但是,装配式钢筋混凝土结构并没有实现主体系统与外围系统的一体化,因此还需要进一步研究和开发。

2.新型模块化钢结构

钢结构一般用于厂房建筑,其体系目前有模块化可建模式与盒子模式两大类。钢结构的主体结构包括两种:一种是装配式主板,另一种是斜向支撑。而前者主要由工厂预制好,并与后者共同构成空间的受力体系(见图6-9)。

图6-9 工厂内模块化钢结构

装配式主板主要由两部分构成:一部分是压型钢板组合板,另一部分是支撑钢桁架,在装配式主板内部,往往会嵌入水电、消防等设备。这一体系施工速度一般较快,而且也不会对现场造成垃圾污染等。同时,也可以随时改变建筑户型与门窗的位置,但是这一结构也有一些缺点,如隔音很差。

盒子建筑是先对传统建筑房间根据区域功能加以划分,由工厂提前预制模块,然后在现场进行吊装组合,这一模式的装配化程度很高,而且比较节约工期。目前,这种建筑形式在国内应用并不多,因此还处于研究阶段。

3.钢管混凝土组合异形柱结构

这一体系是通过竖向构件进行连接,并根据设计要求设置纵横向加劲肋,从而保证各个异形柱之间构造成空间格构式整体结构,彼此之间能够实现协同,抗震能力很强。一般来说,异形柱的尺寸较小,便于在墙体内部进行隐藏,在小高层建筑中应用比较多(见图6-10)。

图 6-10　混凝土铸造与钢管组合

4. 整体式空间钢网格盒式结构

这一结构多在高层建筑中应用。空间钢网格结构作为竖向承重墙，横向钢网格楼盖作为建筑楼板，二者进行连接，从而形成三维受力，以保证结构更为坚固。这一结构可以根据建筑功能进行自由划分，因此布置上更为灵活自由（见图 6-11）。

图 6-11　厂房空间装配式钢结构

5.钢管束组合剪力墙结构

这一体系是将钢管束剪力墙作为竖向承重墙,钢筋桁架作为楼板的结构体系。在钢管束内部浇筑混凝土,可以实现钢管束与混凝土二者之间的协同,同时,还解决了室内梁柱的暴露问题,缺点是使用钢材较多,施工工作量较大(见图6-12)。

图 6-12　钢管剪力墙

(二)施工工艺

1.施工放线

首先,需要按照施工图纸,对建筑轴线、标高进行仔细核准。

其次,运用经纬仪、水准仪等对轴线、标高进行复核。并且,按照大样前、小样后的顺序,确定装配式钢结构构件与基础混凝土的轴线与面边线的连接位置。

最后,保证钢架结构的强度,避免发生变形。

2.钢构件的制作运输及验收

（1）制作

首先,需要按照图纸进行钢结构施工方案的设计。
其次,设计钢结构施工构件。
再次,对半成品质量加以检验。
最后,进行焊接,但是要做好除锈。

（2）运输

在运输中,一定要按照安装顺序安装完成后再运输,只有这样才能保证配套性。如果构件加工厂与施工场地距离较远,那么在运输前需要制订计划,选出合理的运输方法与吊装设备。当然,在运输中还需要做好保护工作,避免构件损坏。

（3）验收

钢结构运输到现场之后,需要进行验收,并做好分类标记。如果吊装的时候出现变形或者脱漆等情况,需要及时进行修正。

3.钢柱定位

在对装配式钢结构进行框架定位的时候,需要对第一节钢柱进行准确定位,这样才能保证上面的部分垂直度符合要求,与规定的数值差异不大。另外,还需要运用相关设备确定柱中心的位置。如果发现位置不准确,需要及时进行修正,并需要多次进行复查。

4.钢结构吊装

装配式钢结构建筑吊装需要严格按照支撑的顺序进行,从中间扩展到四周。当前,采用的常见的吊装施工方法是综合吊装法,横向构件往往是从上往下的顺序来安装;还可以采用对称安装法,这样可以避免在焊接的时候出现变形。当钢梁安装完成之后,需要对建筑楼梯等进行施工。需要注意的是,在焊接的时候一定要注意焊接温度、外部环境温度,避免因为这些原因造成变形。

三、 常见质量问题与防治

(一)装配式结构安装的常见质量问题

1.平板制作安装问题

(1)转角板折断

装配式结构框架决定了建筑是否稳定。由于转角板结构有着不同的厚度,再加上具有较大的体积,因此转角板在运输、吊装的时候很容易发生折断的情况,可能是因为吊装用力不均,或者在施工的时候角度发生改变,未符合施工要求。

(2)叠合板断裂

在预制构件吊装、运输的过程中,很容易出现叠合板断裂的情况,这是因为叠合板具有较大的跨度,在运输或者吊装的时候挠度过大,如果都运用在建筑物上,很容易造成建筑物的损坏。另外,在生产的时候,很多预制构件未进行合理的养护,很容易导致叠合板翘曲的问题,这很可能是因为在脱模的时候由于施工方法不规范导致涂刷不均匀,或者加工时不够规范所导致,这一问题严重时会导致建筑质量不合格。

(3)外墙板保温层断裂

在预制构件的生产中,如果外墙板的结构、保温环节处理不当,就很容易影响保温性能。在具体的安装中,很可能造成保温板涂层减少,从而影响保温质量。

2.预制构件连接问题

在装配式建筑设计时,一般仍采用现浇设计理念,这一理念应用的前提在于钢筋的受力结构要保证可靠安全,能够保证钢结构连接的稳定,但是在实际施工中,往往因为经验不足、水平较低、监管不到位等原因,导致连接部分达不到标准,因此影响了装配式结构的性能。

（二）装配式结构安装的防治

1.平板制作安装方面

（1）辅助工具

第一,可以运用L形吊具,针对转角板断裂的问题,采取转角板吊具的形式安装,由吊具承重,这样便于固定转角板结构。

第二,运用平板护角,避免在运输过程中损坏。

（2）缩小叠合板的制作跨度

在吊装施工中,因为跨度尺寸过大,容易出现叠合板断裂问题,为了避免这一问题出现,需要制订预案,对跨度进行严格的控制,以保证尺寸更为合理科学。

（3）吊装桁架筋

为了避免叠合板在吊装中滑落,往往会采取加固预埋件的措施,同时借助吊装桁架筋结构来吊装,这样可以保证叠合板在吊装中更为安全。

2.预制构件连接方面

预制钢筋与现场钢筋在对位中很容易出错,为了确保这一环节的有序展开,就需要对钢筋孔洞加以改进。例如,在施工中,需增加孔径的尺寸,这样才能保证钢筋可以顺利进入孔隙。另外,可以配备装配式竖向构件取代现浇方法,这样可以保证连接更加安全。

第 七 章

装饰装修工程

　　建筑装饰装修工程是建筑物最终投入使用不可或缺的一部分,装饰装修工程质量的优劣直接关系着建筑物的使用功能以及社会价值、经济价值,因此装饰装修工程得到了广泛的应用。装饰装修工程主要涉及抹灰、饰面板(砖)、涂料与裱糊工程、幕墙工程、吊顶工程、外墙保温工程等。为达到装饰装修工程施工的质量要求,必须要综合性地解决各类问题。本章就对这些层面展开分析。

一、 装饰工程概述

为了确保住宅建筑装饰装修工程施工质量,提升企业经济效益,施工企业应该结合建筑实际情况,在有效规避人员、外界环境等不确定因素影响的基础上,科学合理地确定住宅装饰装修施工质量控制方案、施工技术、施工材料以及机械设备等。此外,施工企业还应积极引入现代化智能技术。

(一)建筑装饰装修概念

作为建筑工程项目重要组成部分之一的住宅建筑装饰装修工程项目,在实际的施工过程中主要包括特定建筑物的内外部装修,其中外部施工环节主要是对建筑物的墙面、地面、底面等建筑主体结构进行装修美化,以使整个建筑物充分体现城市文化特色。与此同时,装饰装修施工内部装修主要是对建筑物的相关设备以及空间结构进行合理的美化布置,以满足人们对居住环境安全、舒适、美观性等的多样化要求。为此,在具体的建筑装饰装修施工过程中,施工人员应该结合业主要求以及现代化城市发展标准,科学合理地确定装饰装修施工方案、施工工艺和施工材料。

(二)住宅建筑装饰装修工程施工技术的重要性

近几年,随着社会经济的飞速发展,人们对现代化建筑住宅的居住环境提出了多样化的要求,致使建筑装饰装修工程施工技术面临严峻的挑战。住宅建筑装饰装修工程施工,主要是通过合理运用建筑装饰装修工程施工技术对建筑主体开展二次改造施工,在实现建筑工程内部各种功能的同时,有效满足了居住人员对住宅的多样化要求。因此,建筑装饰装修工程施工技术对整个施工质量发挥着至关重要的作用。

为此,在具体的建筑装饰装修工程施工过程中,施工单位应该结合当地建筑物的文化特点,在优化创新施工技术的同时,科学合理地选择装饰装修方案,以满足居住人员对住宅的多样化要求,积极带动周边产业的经济发展,从而有效推动当地社会经济发展。

(三)建筑装饰装修施工的工程环节

1.统筹安排

建筑装饰装修工程是一项非常复杂的工作,它需要严格地按照统筹安排进行施工流程的推进。由此我们不难看出,统筹安排作为建筑装饰装修施工工程环节之一,需要我们加强科学规划与统筹设计。在建筑装饰装修工程的施工过程中,为了保障整个施工流程的井然有序,我们需要对施工进行统筹安排。统筹安排主要是指根据施工合同对施工的环节进行宏观的了解与规划,统筹各个部门的人员物资,从而对建筑装饰装修的施工流程做出较为具体的任务分配。在统筹安排的过程中,需要注意的是,我们要对整个建筑装饰装修工程进行充分的掌握和认知,根据各个部门的工作职责合理地进行任务分配,以保障每位工作人员的工作水平和工作效率,并严格地审查统筹安排的施工计划,从而真正地发挥统筹安排在建筑装饰装修工程质量管理中的积极作用。

2.施工准备

建筑工程中装饰装修工程质量管理是整个工程项目能否顺利推进的关键。前期的施工准备工作是整个建筑装饰装修工程质量管理中的重要组成部分,为此需要重视建筑工程的前期施工准备。前期的施工准备工作主要包括明确施工的方案流程、明确施工人员的施工职责、畅通管理层与施工层的交流渠道、合理进行施工成本的预算等。在施工准备过程中,需要对施工的场地、施工的材料、施工的设备进行前期的考察和勘测,完善各个层面的细节工作,真正地推动建筑装饰装修工程的科学合理进行。同时,也要进行建筑材料的质量审查,以保障建筑材料的质量与安全,排除施工过程中的安全隐患问题,从而真正地为建筑装饰装修工程的施工做好充足的准备工作。

3.流程规划

随着我国经济的发展,建筑行业也在不断进步,在建筑装饰装修工程中,质量是其最核心的内容,也是建筑工程施工中必须重视的内容。管理好与控制好建筑装饰装修工程质量,能够保证建筑物使用功能的正常发挥,为此,我们需要更好地重视建筑装饰装修工程的质量管理。流程规划作为建筑装饰装修工程中的重要环节,其主要是指安排施工设备的进场顺序、确定施工图纸的细节内容、明确装饰装修设计等,从而真正地保证建筑装饰装修工程施工效率和施工质量的提升。在施工环节的流程安排中,我们需要促进施工中的沟通渠道顺畅,以便能够更好地解决施工过程中出现的各种突发状况,及时妥善地做出应急的措施和安排。更重要的是,要根据各个部门的工作职责进行细节性的工作安排,促进各部门间的相互协调,从而更好地服务建筑装饰装修工程质量管理工作的开展。

4.工程验收

建筑装饰装修工程是一项极为复杂的系统工作,它不仅需要考虑施工过程中所需要的材料、设备以及人员分配等问题,还需要考虑施工过程中的环境污染与人员安全问题,因此在施工过程中需要注重建筑装饰装修工程的质量管理。而建筑装饰装修工程的质量与工程验收的结果息息相关。工程验收作为整个工作流程的最后一个环节发挥着其他环节所不可替代性的作用。工程验收是直接检验整个建筑装饰装修工程质量的重要标准。在进行工程的检验过程中,我们需要注重两个层面的问题:一方面,我们要根据不同部门的不同工作进行不同标准的质量检验,衡量施工流程与图纸设计的吻合度;另一方面,我们要根据整个建筑装饰装修工程的宏观工作进行宏观的检查,判断整个工作是否达到质量标准的要求,只有质量达标才能够申请竣工。

（四）住宅建筑装饰装修工程施工特点

1. 施工技术更新更快

随着科学技术的不断深化,建筑装饰装修技术以及施工工艺也随之不断更新迭代,这极大地提升了建筑装饰装修工程施工质量和施工效果。在具体的建筑装饰装修工程施工过程中,施工企业应该深入装修市场,对装修市场中的施工材料以及施工工艺进行分析调研,实时掌握建筑材料市场中的新型材料和新型施工工艺特点。同时,施工企业还应该结合施工现场实际,科学合理地选择新型施工材料和施工工艺。同时,综合评估施工进度以及施工质量,从而确保实现装饰装修施工质量以及施工企业经济效益双赢的局面。

2. 多种不同作业交叉

建筑装饰装修工程施工过程中涉及的施工环节和施工工艺较多,并且多种施工子项目需要同时施工、多工种同时协同作业,为了确保建筑装饰装修效果以及实际的施工进度和施工质量,施工企业应该结合各个施工项目以及施工项目环节、施工技术要求,科学合理地配置各项施工技术,确保各个子项目的施工能够有效有序开展。同时,施工企业管理人员还应该结合各个施工项目环节,科学合理地配置施工现场的各项施工材料、施工人员、施工设备,从而有效确保多工种不同作业能够交叉开展,以保证施工进度和施工质量。

3. 装饰装修材料种类繁多

近几年,建筑装修市场中各式各样的新型装饰材料日益涌现。一方面,其能够有效满足建筑装饰装修施工企业对施工材料的多样化选择;另一方面,其使得装饰装修施工材料市场中材料质量的审核环节面临新的挑战。在具体的建筑装饰装修施工过程中,部分施工单位缺乏对装饰材料质量的审核,极易导致质量不合格的施工材料混入施工现场,这种施工材料一旦投入使用,不仅会严重影响建筑装饰装修工程项目的实际

质量,而且还会严重威胁住宅居民的生命安全。针对这种情况,装饰装修施工企业应该严把装饰材料质量审核关,在确保施工企业成本预算的基础上,尽可能选择绿色无污染的新型环保材料。

(五)建筑装饰装修工程施工技术要点

1.地面装修技术

地面装修技术主要是指在住宅建筑装饰装修工程施工过程中,施工人员结合业主的实际要求和施工方案,挑选适宜的施工材料开展地面施工所采用的施工技术。对于确保实际铺设的地砖符合业主的要求以及整个房屋建筑装饰装修风格具有重要作用。因此,在具体的地砖铺设过程中,施工人员应该严格按照施工工序开展地面装修工作,以确保地砖表面干净整洁。

2.吊顶施工技术

吊顶施工技术作为住宅建筑装饰装修施工技术中的常见技术之一,主要是对室内的天花板进行装饰。在具体的施工过程中,人们对吊顶施工技术的施工安全性和隐秘性要求较高。近几年,由于许多商品房的层高较低,在具体的吊顶施工过程中,狭小的空间使得吊顶施工技术面临严峻的挑战。因此,为了确保吊顶施工技术的实际质量和实际效果,针对目前许多商品房层高较低的情况,施工人员可结合实际的房屋层高以及业主对房屋美观性和舒适性的要求,尽量选择局部小范围的吊顶,同时根据吊顶内部各种线路的走向开展吊顶施工。需要注意的是,吊顶施工技术的安全性是重中之重,一旦吊顶施工出现安全隐患,轻则砸坏物品,重则严重威胁业主的人身安全。为此,在具体施工中,一定要确保吊顶的牢固性。

3.卫生间防水施工技术

做好卫生间防水施工,确保住宅建筑装饰装修工程施工过程中卫生间防水施工技术的实际质量,不仅能够有效避免业主日常使用卫生间过程中漏水、渗水现象的发生,而且有助于维护好业主与邻里之间的良好关系。在具体的施工过程中,施工人员应该严格按照施工要求,尽可能选择涂刷高弹性的防水材料,并且确保墙角、地漏和管道根部的接缝牢固,进而有效避免卫生间漏水、渗水现象的发生。与此同时,针对卫生间淋浴房的设置,施工人员应该更加细致严谨地开展卫生间墙角处理工作。

需要注意的是,为了进一步避免卫生间日常使用过程中出现的漏水、渗水现象,业主在日常使用卫生间过程中应该不定期检查下水管道,一旦出现下水管道不通畅的情况,应该及时反馈给管道维修人员。

我们将一套住宅的装修过程称为单位装修施工工程,一个完整的单位装修施工工程包括其分部工程和分项工程。住宅装修工程单位工程、分部工程、分项工程的关系(见图 7-1)。

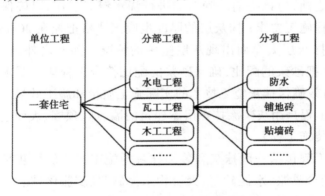

图 7-1　住宅装修工程组成

二、 抹灰工程

抹灰施工技术是房屋建筑装饰装修工程项目的基础性施工技术之一,其质量在一定程度上能够直接影响整个住宅建筑的隔热、防潮和防风效果,对于延长房屋使用寿命起着至关重要的作用。为此,在具体的抹灰施工技术应用过程中,应做好住宅建筑墙面的清洁工作,以确保抹灰施工环节能够有效有序开展。在开展装饰装修工作之前,应该剔除墙面凸起的部分,针对墙面凹陷的部分,应该采用砂浆进行整修并进行找平,以确保墙面干净平整。同时,对房屋建筑墙面残留的各种油渍、尘土或者油漆都应该进行及时清洁。

抹灰工作是一项循序渐进、工序繁杂的工作,在粉刷房屋、建筑厨房、卫生间时,施工人员应该按照施工步骤和施工要求严格施工。例如,墙面粉刷之前,应该提前一晚对墙进行浇水浸湿工作,以确保墙面的湿度符合工程施工要求;抹灰层的厚度也应该严格把控在 20mm 之内,以有效避免抹灰层太厚而出现灰层坠落的情况。除此之外,在抹灰过程中,应该严把砂浆的配比,确保砂浆的配比符合工程建设要求和使用要求,进而有效确保抹灰施工技术的实际施工质量和施工效果。

抹灰工程是用灰浆涂抹在房屋建筑的墙、地、顶棚、表面上的一种传统做法的装饰工程。

抹灰工程包括一般抹灰和装饰抹灰的施工。一般抹灰是指石灰砂浆、水泥混合砂浆、水泥砂浆、聚合物水泥砂浆、膨胀珍珠岩水泥砂浆和麻刀石灰、纸筋石灰、石膏灰等抹灰。

一般抹灰适用于内墙面抹灰,其中水泥混合砂浆、水泥砂浆、聚合物水泥砂浆抹灰也可用于外墙面抹灰;装饰抹灰是指面层为水刷石、水磨石、斩假石、干粘石、假面砖、拉条灰、撒毛灰、喷砂、喷涂、滚涂、弹涂、仿石和彩色抹灰等。装饰抹灰适用于外墙面,其中水磨石、彩色抹灰也可用于内墙面抹灰。

三、 饰面板（砖）工程

（一）施工准备

准备工作主要是在基层上进行饰面砖的粘贴，包括釉面瓷砖、外墙面砖、陶瓷锦砖和玻璃马赛克等。这里仅介绍内墙釉面瓷砖施工和外墙面砖施工。

（二）施工工艺

1. 内墙釉面瓷砖施工

施工方法：基层处理、抹底子灰、弹线、排砖、贴标志块、选砖、浸砖、镶贴面砖、面砖勾缝、擦缝及清理。

（1）基层处理好后，用1：3水泥砂浆或1：1：4的混合砂浆打底，打底时要分层进行，每层厚度宜为5～7mm，总厚度一般为10～15mm，以能找平为准。

（2）排砖时水平缝应与门窗口齐平，竖向应使各阳角和门窗口处为整砖。

（3）为了控制表面平整度，正式镶贴前，在墙上粘废釉面瓷砖作为标志块，上下用拖线板挂直，作为粘贴厚度的依据。

（4）面砖镶贴前，应挑选颜色、规格一致的砖。将面砖清扫干净，放入净水中浸泡2h以上，取出待表面晾干或擦干净后方可使用。阴干时间通常为3～5h为宜。

（5）铺贴釉面瓷砖宜从阳角开始，先大面，后阴阳角和凹槽部位，并由下向上、由左往右逐层粘贴。

（6）墙面釉面瓷砖用白色水泥浆擦缝，用布将缝内的索浆擦均匀。

2.外墙面砖施工

施工方法：基层处理、抹底子灰、弹线分格、排砖、浸砖、贴标准点、镶贴面砖、面砖勾缝、清理。

（1）清理墙、柱面，将浮灰和残余砂浆及油渍冲刷干净，再充分浇水润湿，并按设计要求涂刷结合层，再根据不同基本面进行基层处理，处理方法同一般抹灰工程。

（2）打底时应分两层进行，每层厚度不应大于 5 ～ 9mm，以防空鼓，设计无要求时底灰总厚度一般为 10 ～ 15mm。第一遍抹后扫毛，待六七成干时，可抹第二遍，随即用木杠刮平，木抹搓毛，终凝后浇水养护。

（3）排砖时水平缝应与门窗口平齐，竖向应使各阳角和门窗口处为整砖。

（4）浸砖。与内墙釉面瓷砖相同。

（5）在镶贴前，应先贴若干块废面砖作为标志块，上下用托线板吊直，作为粘接厚度的依据。

（6）找平层经检验合格并养护后，宜在表面涂刷结合层，这样有益于满足强度要求，提高外墙饰面砖粘贴质量。

（7）镶贴应自上而下进行。

（8）勾缝应用水泥砂浆分批嵌实，并宜先勾水平缝，后勾竖直缝。

四、 涂料工程

建筑涂料是指涂敷于建筑物表面，并能与建筑物表面材料很好地黏结，形成完整涂膜的材料。涂料工程是指将涂料施涂于结构表面，以达到保护、装饰及防水、防火、防腐蚀、防霉、防静电等目的的一种饰面工程。

（一）施工准备

1.混凝土和砂浆抹灰基层表面处理

（1）基层清理

涂料饰面工程在进行施工之前,应该将表面的附着物清理干净,以保证基层的清洁,并且验收合格之后才能进行涂抹。

（2）基层修补与找平

这包括水泥砂浆基层分离的修补、小裂缝处理、大裂缝处理、表面凹凸不平的处理。由于涂料饰面中涂料所形成的涂层较薄,故必须将基层表面处理得坚固、平整、光滑,使涂刷的饰面达到理想的效果。

2.木基层表面处理

涂料木制品的基本要求是表面要平整,尽量减少疤,棱角要整齐,颜色要一致等。如果是木制品表面,需要用腻子找平,然后用不同型号的砂纸进行打磨,从而保证平整性。

3.金属基层表面处理

金属基层表面处理的要求是平整,没有油污、没有尘土、没有焊渣、没有毛刺等。金属表面应刷防锈漆。在刷涂料时,金属表面不得有湿气,以免水分蒸发而造成涂膜起泡。

（二）施工工艺

建筑涂料在涂抹之前以及涂抹过程中,需要搅拌均匀,同一表面的涂料应该保证颜色的一致性。涂料的粘稠度应该合适,使其不会流下来,也不会有纹路的出现。涂料如果需要稀释,则应该用专门的稀释剂进行稀释。另外,应该根据质量等级来决定涂抹几遍。

1.刷涂

刷涂是用毛刷、排笔等将涂料涂饰在物体表面上的一种施工方法。刷涂顺序一般是从左到右、从上到下、从边到面、从困难的到容易的地方。涂抹的时候,方向与行程长短应该保持一致。如果涂料比较容易干燥,应该勤蘸短刷,接槎最好设置在分格缝处。刷涂一般不能少于两遍,一些要求较高的饰面甚至需要刷涂三遍。第一遍浆的稠度要小些,前一遍涂层风干后才能进行后一遍刷涂。前、后两遍间隔时间与施工现场的温度、湿度密切相关,通常不少于 2 ~ 4h。

2.喷涂

喷涂是运用压力或者压缩空气,将涂料涂布于墙面的一种机械化施工方法。其特点在于涂膜外观有较好的质量,而且施工效果较高,便于大面积施工,并可通过对涂料的稠度、喷嘴的大小及排气量进行调整,以获得不同质感的装饰效果。

在喷涂的过程中,涂料的浓稠度、空气的压力、喷射的距离、喷枪运行中的速度与角度等方面都有一定的要求。涂料的浓稠度必须适中,如果太稠,不便于施工;如果太稀,就很容易流下来。

空气压力为 0.4 ~ 0.8MPa,压力过低或过高,均会使涂层质感变差,且涂料损耗多。喷射距离一般为 40 ~ 60cm,喷嘴离墙过近,则涂层厚薄难控制,且易出现过厚或挂流等现象;距离过远,则饰面发虚,造成花面或漏喷现象,且涂料损耗多。喷枪运行中喷嘴中心线必须与墙面垂直。

喷枪应与被涂墙面平行移动,运行速度要保证一致性。如果运行过快,则涂料比较薄;如果运行过慢,则涂料比较厚,容易流下来。

五、 常见质量问题与防治

（一）装饰装修工程质量问题分析

1.设计构造不科学

如果仅仅依靠个人的想象力来装修，而忽略了施工中的实际情况，就会导致装饰装修工程缺乏科学性。尤其是比较复杂的吊顶工程，由于未进行精准的计算，就会导致施工过程中吊顶的重量增加，从而造成整体工程缺乏稳定性。

2.施工现场所用材料把关不严

在施工过程中，如果材料管理不恰当，就会导致一系列问题。

首先，无法严格验收其中使用的材料规格、等级与数量。

其次，装饰装修价格参差不齐，很多采购并未考虑质量问题，可能采购一些劣质材料。

最后，如果未按照标准对原材料进行检查，一些材料被滥用，不仅会污染外部环境，也会导致效率低下。

3.施工中的问题

施工在装饰装修中起着非常关键的作用，但是在实际的施工中也存在一些问题。装饰装修与其他行业不同，标准很严格，因此需要严格把控。但是，目前的装饰装修行业监管体系存在漏洞，导致施工各个部门联动受阻，如果发生质量问题，彼此推诿，从而无法将相关规定落到实处。另外，装饰装修工程需要技术，但是这些技术往往来自工人和农民，但是他们很多人并未进行正规培训，导致技术与管理水平很难达到最高标准。

（二）装饰装修工程施工质量控制

建筑装饰装修工程工作的前期准备、工程安排、工程评估等均较为复杂，为了更好地满足大众的需求及市场的检验，我们需要对建筑装饰装修工程进行严格的控制与检验。然而，由于众多因素的影响导致建筑装饰装修行业的发展出现了一定的问题，尤其是在质量控制层面，为此，我们必须加强建筑装饰装修工程的质量管理，以便推动建筑行业更好地适应国家社会的发展需要。但是由于当前我国经济发展迅速、人民生活水平提高以及建筑行业进步等多因素影响，从而导致了建筑工程质量问题频繁发生。为此，重视建筑装饰装修工程质量管理问题是建筑行业发展进步的重要层面，理应对其进行深入分析解读，旨在更好地促进建筑装饰装修工程质量管理水平提升，从而促进中国建筑行业的长久发展。

1.建筑装饰装修工程质量管理重要性分析

在建筑装饰装修工程中坚持质量第一的原则，始终贯穿着建筑行业发展的历史脉络。在现代化的建筑装饰装修工程中加强质量控制与管理更是尤为重要。只有质量得到了保障，建筑水平才能够更好地顺应时代发展的潮流。建筑装饰装修工程质量已经成为衡量建筑行业发展的重要指标，具有非常重大的参考价值。

重视装饰装修工程质量管理，可以通过科学规划的方式，最大限度上减少施工安全隐患问题，以增加施工材料使用效率。高质量的装饰装修工程管理工作对于建筑行业的长远发展来说具有不可替代性的作用。加强装饰装修工程质量，对于完善的统筹安排、充分的施工准备、合理的流程规划、谨慎的工程验收等环节均具备积极的促进作用。从以上论述来看，加强建筑装饰装修工程质量管理工作理应且必须成为建筑行业工作的重点内容。

2.建筑装饰装修施工的质量管理

（1）落实施工操作规范标准

近几年来,随着我国经济的快速发展,人民生活水平的不断提高,建筑装饰装修行业也得到了迅速的发展,人们对于建筑行业的需求逐渐高质化和多样化,在众多因素的影响下致使人们并不满足于当前的建筑装饰装修质量。为此,我们需要通过落实施工操作规范标准的方式,更进一步地加强建筑装饰装修施工的质量管理工作,装饰装修工程的施工环节针对各个环节进行标准规范的制定,使得每个环节都在相应的质量标准中进行开展。质量管理的工作流程是一项较为复杂性的工作,在真正的落实过程中,要让工作人员根据市场的质量管理规范进行施工操作规范标准的设定,从而使建筑装饰装修工程工作能够真正地满足市场的检验和大众的需求。只有建筑工程的项目质量达到规范标准,建筑装饰装修工程质量才能够得到保障。

（2）建立施工质量管理制度

建筑装饰装修工程是施工过程中的重要部分,其质量好坏,直接影响着建筑工程项目的整体水平。随着我国城市化进程的加快,人们对于生活环境和生活质量的要求不断提升,为此,我们需要重视建筑装饰装修工程的质量管理工作。

首先,在进行质量管理工作过程中,我们需要建立施工质量的管理制度,使整个的操作流程在一定的制度范围内进行,以便更好地推动施工质量管理工作的开展实施。建立施工质量管理制度,需要对装饰装修的施工板块进行定期或不定期的考察和检查,检验施工的质量与施工的安全。

其次,我们要根据施工环节中出现的质量问题进行质量严重等级划分,以使相应等级的质量问题发生时可以采取不同的改善措施。

最后,我们需要建立专门的质量管理部门,以便更好地提升施工人员的水平,保障施工质量。

（3）加强管理人员专业培训

为了更好地满足市场和大众的需求，我们需要对建筑装饰装修工程的质量进行严格的管理和把控。人员施工水平是影响施工质量的直接因素，为此我们需要更进一步地加强施工人员的培训，提升施工人员的水平。每位员工的专业理论和专业操作都会直接影响着整个工程的验收效果。

为此，我们需要加强质量管理人员的专业培训，推动质量管理工作的顺利开展。施工人员在参加施工质量管理的专业培训后，我们需要对其进行专业理论和专业操作的考核，只有达到相应的标准才能够完成专业培训的要求，如若不能达到专业培训的要求，则需要进一步进行培训学习，真正地使质量管理人员均能为建筑装饰装修工程的质量管理工作作出贡献。

（4）关注技术难点落实问题

近年来，建筑装饰装修工程在我国发展迅速，但是由于施工技术管理水平、施工人员水平等方面存在着许多的缺陷和不足，导致建筑装饰装修工程中极容易出现质量问题。为此，我们需要加强建筑装饰装修工程质量管理工作。

在进行质量管理工作中，我们需要关注技术的重难点落实问题，真正地从技术层面上消除质量通病问题。对于建筑装饰装修工程施工而言，褪色掉色、墙体掉皮、壁纸开胶等问题，是装饰装修工程中极容易出现的质量通病问题，为此，我们需要进行技术的重难点突破，从问题成因和技术角度层面上解决质量通病问题。

在施工期间，我们需要按照相应的技术方案和技术手段，对于各个环节进行严格的部署，真正地使施工流程达到相应的质量标准，从而减少质量通病问题的出现。

（5）严格把控材料质量关卡

建筑行业是国家经济发展中的重要组成部分，为整个经济的繁荣发展作出了巨大的贡献。建筑装饰装修工程作为建筑行业中的关键因素，对其进行严格的质量管理至关重要且迫在眉睫。

为此，在整个质量把控过程中，我们需要严格把控材料的质量关卡，最大限度地消除施工材料层面上的质量弊病。施工人员在选择施工材料过程中，必须考虑材料的规格、品种、颜色、材质、环保等问题，真正地使施工材料能够满足施工质量的要求，在进行施工材料的选择过程中，要选择具备合格评审的供应商，不可选择假冒伪劣的建筑材料以次充好。材料是否合格直接影响着建筑装饰装修工程质量，尽管技术层面和技艺层面均能达到质量标准，但若材料不合格，也只能是巧妇难为无米之炊。只有把好材料关，才能做好质量关。

总而言之，建筑装饰装修工程是一项技术含量较高的工作，需要对施工质量进行有效管理。建筑装饰装修工程是建筑物的主要组成部分，它直接影响着整个建筑工程质量。随着我国经济的不断发展，建筑装饰工程也在逐渐地得到重视，这对于建筑工程而言具有非常重要的意义。

在建筑工程中，质量管理是保证工程建设顺利进行、实现项目目标任务的前提和基础，因此施工过程中必须加强对装饰装修工程质量管理工作。为了更好地完善装饰装修工程的质量管理工作，落实施工操作规范标准、建立施工质量管理制度、加强管理人员专业培训、关注技术难点落实问题、严格把控材料质量关卡势在必行。建筑工程的装饰装修工程质量管理并不是静态化的工程，而是流动化的形态，以动态化的措施将质量管理融入到工程的各个环节中，从而进一步为我国建筑装饰装修行业高质量发展夯实基础保障。

3.住宅建筑装饰装修工程施工质量控制措施

（1）明确施工工序

在住宅建筑装饰装修过程中，施工单位应按项目的实际情况设计施工程序，并按项目的具体任务和内容制定施工合同。此外，建筑企业还要按照合同条款的规定，制订工程计划，组织前期工作，并严格执行。在完成工作后，还要对工程的质量进行严格的检验。在建筑装饰装修工程中，施工阶段是非常关键的一步。在具体实施过程中，有关部门要严格遵守工程规划、技术规程，对施工现场进行有效的管理，从根源上消除影响工程质量的各种因素，最大限度地提高经济效益。

（2）加强工程施工的统一性

住宅建筑装饰装修施工操作应根据其自身的功能需求，从多方面考虑，以保证其施工与设计的一致性，并加强其各环节的衔接。在进行室内装修时，要考虑和分析建筑工程的内部构造，以确保各方面的功能。在具体的设计中，必须坚持"以人为本"的思想，充分体现建筑的主题和特点，从而使整个建筑保持整体、统一。

（3）强化装饰装修施工技术管理力度

要使住宅建筑装饰装修工程的施工质量得到改善，就必须对其进行技术管理。一般而言，要根据具体的施工条件以及工程的设计要求和程序，与施工进度相结合，使其在施工中起到关键性的作用。该项目涉及较多施工过程，且比较复杂，因此必须做好施工各个环节的衔接，并加强施工过程的质量控制和管理，以达到改善住宅建筑装饰装修工程质量的目的。

（4）严格控制装饰材料以及设备质量

事实上，在建设项目中，材料是确保工程质量的重要内容。在住宅建筑装饰装修工程中，首先必须保证所采购材料、设备质量符合工程建筑实际要求，组织相关人员对材料设备质量进行严格审核。其次，在项目的规划设计中，应根据施工的实际情况对各种装修材料的性能进行分析比较，尽量选用节能、环保型的建材，以减少对资源和能源的消耗；在材料的检验、验收中，要做到全方位的检验，防止随意化、形式化。最后，结合材料、设备性能构建一套专业、高效的管理体系，并对其进行严格的质量控制，以确保后续的施工。

此外，加强对装饰装修各类施工设施的维护与管理，以确保设备使用期间的安全稳定运行。同时，要做好每一起质量事故的详细记录，并建立质量事故的汇报机制，以保证事故能够得到及时解决。

（5）完善技术管理体系

随着科学技术的快速发展，建筑装修技术也在不断地革新，同时由于施工环境的复杂性，许多技术都要在实际应用中进行相应的调整。所以，装修工程技术管理是一种时间上的管理，其需要适应现实的需要，而技术管理系统必须具备动态特征才能在实践中维持导向与制约。

在完善技术管理制度的基础上，企业还需要对工程技术资料、设计资料进行整理，以明确各工序、各岗位职责，应建立健全管理制度，以利充分调动有关部门的工作积极性。为了保持企业的市场竞争力和装饰装修工作的水平，企业也要不断引入新设备、新材料、新技术、新工艺，并大胆运用新技术、新工艺、新材料、新设备，要以发展的眼光看待各种新材料和新技术，不能被目前的状况所束缚。

新技术的发展通常都是有延迟的，许多新技术的使用都有历史和社会的原因，但是随着时间的推移，新技术也会越来越成熟。所以，装饰企业必须积极采用安全环保、高效节能的材料与工艺，重视材料与工艺的协调，以提高企业在同行业中的竞争优势，从而增强市场的竞争能力和发展潜力。

4.住宅建筑装饰装修工程施工质量控制发展趋势

（1）模块化趋势

众所周知，住宅建筑装饰装修工程施工过程中涉及诸多的施工工序和施工环节，施工现场比较混乱，致使施工质量管理面临严峻的挑战。针对这种情况，管理人员应将各个环节的质量控制工作交给不同的施工团队，以子项目质量控制的方式开展施工质量管理，在做好各个施工团队、质量管理模块之间有效对接的基础上，开展模块化趋势的质量管理，能够极大地提升住宅建筑装饰装修工程施工质量管理的实际效果和效率。

（2）智能化趋势

智能化趋势，即在住宅建筑装饰装修工程施工过程中，采用先进的智能技术，以提升工程的施工质量。通过利用智能化技术，不仅能够有效弥补传统方式下人为因素管理控制的管理质量低下的问题，而且还能够更加便捷、准确地开展施工故障检测工作，从而有效提升施工管理质量。同时，通过智能化技术还能实现施工质量管理，帮助施工企业在节省施工成本的同时实现施工技术与时俱进。

（3）自动化趋势

在住宅建筑装饰装修工程施工过程中,通过一些简单的机器设备进行施工,可以实现施工过程无人化。这不仅能够有效规避在传统方式下施工可能出现的各种不足,有效提升施工质量和施工效率,而且符合未来住宅建筑工程施工的自动化发展趋势。

综上所述,现代化住宅建筑装饰装修工程,通过结合住宅建筑物实际情况和当地城市区域特色文化进行施工,不仅能够满足业主对于住宅建筑物内部的多样化需求,而且有助于帮助人们营造出更加舒适、美观、安全的工作环境,更有利于提升人们的舒适感和幸福感。在具体的住宅建筑装饰装修施工过程中,施工人员应该在传统施工技术的基础上,积极利用现代科学技术手段,不断优化创新装饰装修施工工艺,从而在有效提升现代建筑装饰装修工程施工质量和施工效果的同时,实现住宅建筑装饰装修工程企业健康可持续发展。

第 八 章

防水工程

随着现代社会的快速发展,人们对建筑物的使用功能要求越来越高,其中防水功能是建筑物的重要作用功能之一,它的好坏将直接影响建筑物的使用功能。一方面,建筑物或构筑物的防水功能主要依靠具有防水功能的材料来实现,防水材料质量的优劣直接影响整个建筑物或构筑物的防水质量。另一方面,防水工程施工质量是建筑物或构筑物渗漏的另一个主要因素。防水技术是保证工程结构不被水侵害的一种技术,在建筑施工中有着非常重要的作用。如果防水工程做不好,不仅会对建筑物的寿命造成影响,而且还会对生产活动、人民生活产生影响。因此,应该努力提升建筑的防水工程,选择合理的构造技术,改进防水材料的质量,并在有关规定下,保证工程质量。

一、 屋面防水工程

（一）屋面防水施工

1.屋面基本构造层次

屋面工程是一个系统工程,屋面结构层以上的构造有找平找坡层、保温与隔热层、防水层和保护层等(见表 8-1)。

表 8-1　屋面基本构造层次

屋面类型	自上而下基本构造层次
卷材、涂膜屋面	保护层、隔离层、防水层、找平层、找坡层、保温层、随浇随抹的混凝土结构层
	保护层、找坡层、保温层、防水层、随浇随抹的混凝土结构层
	种植隔热层、保护层、耐根穿刺防水层、普通防水层、找平层、找坡层、保温层、随浇随抹的混凝土结构层
	架空隔热层、防水层、找平层、找坡层、保温层、随浇随抹的混凝土结构层
	蓄水隔热层、保护层、隔离层、防水层、找平层、找坡层、保温层、随浇随抹的混凝土结构层
瓦屋面	快瓦、挂瓦条、顺水条、持钉层、防水层或防水垫层、找平层、保温层、结构层
	沥青瓦,持钉层、防水层或防水垫层、找平层、保温层、结构层
金属板屋面	压型金属板、防水垫层、保温层、承托网、支承结构
	压型金属板、防水垫层、保温层、承托网、底层压型金属板、支承结构
	金属面绝热央芯板、支承结构

2.屋面防水等级和设防要求

屋面防水是屋面工程中极其重要的环节,屋面防水工程的质量好坏直接关系屋面功能性能、结构安全和业主居住质量。我国根据相关国家标准和行业标准,明确规定了屋面工程防水等级以及设防要求(见表8-2)。

表8-2　屋面防水等级和设防要求

防水等级	建筑类别	设防要求
Ⅰ级	重要建筑和高层建筑	两道防水设防
Ⅱ级	一般建筑	一道防水设防

3.屋面工程防水施工技术

在新材料、新技术、新工艺的推广与应用下,我国屋面工程防水施工新技术得到了迅速发展和大力提升。根据不同的屋面构造特征,采用科学合理的组合方式形成的防水构造,即使相同的防水材料,仍可以做出理想的防水效果,这有利于降低屋面的渗漏概率,有效提高屋面工程的防水质量。

在Ⅰ级防水等级中,技术先进且构造合理的防水构造有:一是叠合防水层,即由彼此相同卷材紧密粘结在一起,形成防水层;二是组合防水层,即由彼此相同卷材粘结在一起形成的防水层;三是复合防水层,即由彼此相同卷材和涂料组合而成的防水层;四是集成防水系统;五是双层双排保温屋面系统;六是种植屋面。

在Ⅱ级防水等级中,技术先进且构造合理的防水构造有:一是卷材防水层,二是涂膜防水层,三是复合防水层。

(二)屋面防水措施

1.施工准备

(1)施工前应对施工图进行图纸会审,深入理解图纸中屋面工程防水细部构造及技术要求。

（2）屋面工程防水施工应由专业施工队伍进行,工程作业前要准备好对施工操作人员进行安全技术交底。

（3）基于 TQM 原理和工程具体要求,组织经验丰富的技术人员编制可操作性的施工方案。

（4）基层清理:清除浮浆、剔除松动石子、涂抹基层处理剂。

（5）施工机具准备。

2.屋面防渗漏措施

（1）根据设计要求,对屋面工程防水构造进行细化,并对各个构造细节进行优化设计,以确保每个防水构件细节得到科学合理处置。

（2）根据专项施工方案,确保安全施工前提下,建立全面的质量控制、进度控制、成本控制,对防水施工细节进行全面控制。

（3）基于 TQM 原理编制可操作性专项屋面防水施工方案,确定合理的施工工艺流程,处理好施工重点与难点。

3.施工"质量通病"防治措施

（1）屋面工程常见的质量通病

一是找平层的起砂和起皮。找平层施工后,屋面表面出现砂粒不均匀,砂粒一经摩擦就会分层漂浮;或用手轻敲,表面的水泥膏体会脱落成片或剥落或鼓出。

二是找平层开裂、中空。施工过程中,保温层水泥砂浆找平层会出现一些镂空或不规则间歇性或树形裂缝。裂缝的宽度通常小于 0.2 ~ 0.3mm,很少会达到 0.5mm 以上。另一种类型是平整层上有规则的横向裂缝,一般长或直,裂缝间距大,为 4 ~ 6m。这些裂缝很容易引起防水卷材的开裂,需要特别注意。

三是防水层造坡不准确,排水不良。平整层施工后,屋顶容易发生局部积水,特别是在水沟和屋檐水沟处。雨后积水不能及时排出,檐天沟底部或预制檐天沟接缝处,屋面和天沟排水渗漏不良。

四是排水口渗漏积水。排水口周围漏水或积水造成的排水口表面高于防水层,或排水口直径小堵塞溢出的常见问题。

五是保温层隆起、开裂。如果保温层含水率过高或保温层因冬季冻冷而膨胀、鼓胀、开裂等现象,施工时应采取合理措施加以防止。

六是细部结构不当。找平层内外角没有涂圆弧或钝角,没有有组织的排水檐口,出水口不密实,没有留下沟槽,向屋顶伸出的管道周围没有预埋密封材料,可能会出现质量问题。

（2）针对质量通病采取的控制及防治措施

一是找平层起砂、起皮防治措施:①严格控制结构或保温层标高,确保平整层厚度满足设计要求。②水泥砂浆调平层的配合比例,一般为1:2.5～1:3（水泥:砂),含砂量不得大于5%,此外,已过期或因受潮结块的水泥不得使用。③水泥砂铺设前,应先将屋面基层清理干净,再涂一层薄薄的水泥浆,以保证水泥砂浆与基层粘结良好,施工时建议先用木靠尺调平,用木抹子初始压实,再用铁抹子在初凝集水前进行二次压实抛光。④平整层施工完毕后,应及时覆盖浇水养护,以保持表面湿润。也可通过刷冷底漆油、喷固化剂等方法进行固化,以保证砂浆中的水泥充分水化。

二是找平层开裂,空鼓防治措施:①屋面防水一级、二级工程,整体浇筑钢筋混凝土结构基层一般取消水泥砂浆找平层,这样既节省了调平层的人工和材料成本,又能保持有利于防水效果的施工层面。②对于抗裂要求较高的屋面防水工程,水泥砂浆调平层应掺有微膨胀剂。③调平层应设置分度缝,分度缝应设置在板材的端部。④最大纵横间距。水泥砂浆或细骨料混凝土找平层不超过6m,沥青砂浆找平层不超过4m,水泥砂浆找平层分缝宽度不超过10mm。如果隔断缝也用作排气屋面的排风管,可加宽至20mm,并与保温层连接起来。

三是防水层找坡不准,排水不良的防治措施:设计时应根据建筑物的使用功能妥善处理隔水、排水、防水的关系;在进行防水层施工前,应先清理屋顶上的杂物;施工时严格按照设计坡度放线,并在相应位置设置基准点;施工完成后,应及时对屋面坡度、平整度进行验收。

四是排水口漏水、积水的预防措施:现浇天沟的直排水杯口只有安装在模板上,才能沿排水杯口边缘浇筑捣实混凝土,排水杯的顶面不得高于水槽的找平层。上述水平穿墙排水采用1:3水泥砂浆或细骨料混凝土,应使用埋入排水与墙体之间的缝隙,排水四周留20mm×20mm槽内填密封膏。排水口底边不得高于基层,底面和侧面应附加粘贴防水卷材。

二、 地下防水工程

(一)地下防水施工

1.地下工程防水特点

(1)耐久性:地下工程防水耐用年限应与建筑物寿命相同,这就要求地下工程防水的设计、材料、施工和维护管理都应严格,设防措施必须安全可靠;防水材料应具有耐久性和耐水性;地下工程防水应由专业施工队伍精心施工;维护保养应同时到位,从而保证地下工程处于良好的使用状态。

(2)复杂性:地下工程主要存在环境比较复杂,地下水中各种物质会使防水材料功能下降;地下工程构造较多且复杂;地下工程施工条件较艰苦,施工难度较大。

(3)地下工程防水层一般设置在迎水面,埋藏较深。如果发生渗漏,只能在迎水面修补,背水面修补效果甚微,回填土也会增加渗漏的修补难度。

(4)地下工程渗漏不仅影响建筑物的正常使用,而且还可能降低整个建筑物的耐久性。

2.地下防渗漏措施

(1)坚持地下工程防水设计原则:渗漏治理应以堵、防、排、截相结合,采用刚柔相济的防水构造,以及适合工程特点的最佳设计方案,积极采用新材料、新技术等。

(2)坚持施工精细化原则:编制可操作性的施工方案;选择专业的

施工队伍；采用科学严谨的项目管理，以监管施工方案的全面落实并确保工期；建立成本控制制度，减少工程成本。

（3）基于 TQM 原理编制可操作性施工方案：确定合理的施工工艺流程，处理好施工重点与要点；构建行之有效的组织架构；制定考虑周全的应急措施。

（二）地下室施工质量保证

本项目施工工期的保证措施主要从计划管理方面、资金管理方面、工程管理方面及技术方面四个角度出发，以保证工期按计划进行。

1. 计划管理方面的保证措施

一是建立严格的建设计划检查制度。施工管理人员除了按照总进度表掌控施工进度以外，还要制定相关的月进度表和十天计划目标，合理地将施工进度细化。对于影响进度的特殊原因或不可抗力等因素，应及时排除困难，适当地安排工人加工，以保证施工进度的正常运行。

二是在规划管理中，必须建立主要环节，确保工期。本项目主要控制环节为：主体工程销售前开盘控制点、安装调试控制点、交割控制点。

2. 资金管理方面的保证措施

资金管理的保证措施有两点：一是设立一个独立的财政账户，做到专款专用，未经项目负责人允许的情况下，任何人不得以任何借口动用项目的资金。二是要有足够的保障措施，筹集必要的流动资金，以保证项目工程的顺利进行，尤其是关于材料与设施的资金，公司需为此专门筹集足够的运营资金。

3. 工程管理方面的保证措施

首先，从管理层的角度重视该项目，将此项目列为本公司的品牌项目，同时打造一个由项目经理、施工技术骨干等组成的专业团队，该团队管理水平高，施工技术强，在国内外拥有较多的实践经验，获得过社会的良好评价。先进优质的施工管理部门,对客户诚实,质量精益求精,管理严谨,科学施工,能够确保工程质量。因施工现场是不断变化的,所以项目经理部门必须要随时了解现场施工情况,从而充分了解实际进度和计划进度之间的差异。如果实际进度出现延误,必须认真分析产生偏差的实际原因,认真分析目前偏差对后续的工序可能产生的影响,在此基础上提出有效的修改措施,从而保证项目最终能够按规定工期完成。

4. 技术方面的保证措施

技术的高低关乎建筑工程的质量,保证建筑工程有良好的施工质量,需要做好两个技术方面的保证措施:一是做好前期准备,制定正确可行的施工方案,科学合理地划分施工部位,严格管理工程项目上的大小事务。二是在内部管理上,对于项目责任制要落实到人,项目经理要严格执行 ISO 9001 标准,对于每个小组完成定额考核。使用新技术、新工艺,利用科技进步的优势,加快施工进度,以保质保量地完成工程项目。

(三)地下室防水措施

1. 大面积渗漏水处理

大面积的渗漏水在建筑工程渗漏中比较常见,大面积渗漏的特点是渗水部位有大有小,渗水面积较大。对于大面积的渗漏,首先用抽水泵把地下水位降低,以便在漏水部位大的地方进行堵漏和修复,再用速凝止水材料涂抹表面,可以多点集中,最后堵住漏点,然后大面积擦拭。在这种情况下,可用速凝材料直接密封表面,然后用防水砂浆擦拭表面或涂上聚氨酯防水涂料。

2.孔洞漏水处理

在渗漏严重的情况下,可按"大、小"的顺序,面、线的漏水通常是通过一系列的"点"或"孔"进行的。所以,堵孔是运用快速多量的方法,需要快速止水,获得即时结果以取得成效。目前,各种插头材料及其应用技术应用于工程实践,使得防水插头应用技术更加完善和提升。

3.裂隙漏水处理

对于低水压裂缝、缓慢渗水、快速渗漏或快速渗水,可采用裂缝渗漏和直接堵塞的方法。先将以裂纹为中心的八字形斜槽沿接缝方向标出并清理干净,将拌好的水泥砂浆包成条状。当泥浆变硬时,将其快速填充到凹槽中并向凹槽移动,将凹槽的内侧或两侧压紧,使黏合剂与凹槽壁牢固固定。如果裂缝太长,可以分步堵塞,堵塞结束后,经检查无漏水现象,使用普通的灰和灰泥将凹槽抹平并将其扫成粗糙的表面,固化后(24小时),与其他部分一起制作防水层(见图8-1)。

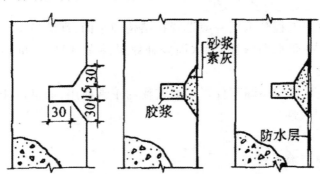

图 8-1　裂缝漏水直接堵塞法

三、 外窗防水工程

（一）外窗防水施工

1.外窗防水工程基本要求

（1）外窗防水主要体现为窗框与外墙体之间连接构造防水，二者之间间隙不应小于30mm，缝隙内填充发泡聚氨酯，外口留置5～10mm深凹槽，凹槽内嵌填柔性密封材料；窗眉的外口应做滴水处理；外窗台低于内窗台不应小于20mm，且向外的排水坡度不应小于5%。

（2）外窗工程施工前，施工单位应根据相关设计文件，深入领会外窗防水工程的细部构造及有关技术要求，编制专项施工方案或技术措施，对相关人员进行技术交底。

（3）地下工程防水层一般设置在结构迎水面，埋藏较深。如果发生渗漏，只能在迎水面修补，背水面修补效果甚微，回填土也会增加渗漏的修补难度。

（4）地下工程渗漏不仅影响建筑物的正常使用，而且可能降低整个建筑物的耐久性。

2.外窗防渗漏措施

（1）外窗防水施工采用过程质量控制和质量检查，建立健全的工序检、交接检和专职人员检查的"三检"制度。

（2）外窗防水施工应由专业施工队伍承接，严格按照外窗防水工程的施工工艺流程操作，涉及前后工序的质量与成品保护措施应符合相关标准要求。

（3）施工前编制专项施工方案并及时做好外窗防水工程的技术交底工作，严格执行技术操作规程，严格按照施工方案标准要求进行施工。

（4）及时了解天气情况，严禁在雨天、雪天和四级风以上施工，环境温度宜为 5℃ ~ 35℃ 控制。

（二）施工质量保证措施

为了确保项目创优防渗活动能完美结束，同时保证工程建筑质量，必须在施工中做好防止渗漏的工作。

1. 施工前坚持技术交底制度

工程开工前需获得技术认可，认可记录需要报送给相关部门。技术公开包括的内容主要有：图纸、技术标准、施工规范、质量要求、施工工期及进度、施工方法与材料的要求。各工序的施工工序、操作规程、质量标准、施工注意事项、成品保护等，应当书面公布，为防止渗漏和堵塞，请执行每个施工步骤。

2. 质量三检制度

该过程完成后，在进入下道工序之前，施工队首先要进行自我监控，并根据企业业务的规范和企业标准和模式准备书面记录。例如，钢筋安装、模板安装完成后，混凝土浇筑组长也要参加检查，确保上下工序衔接。检查交接，将前道工序的工作成果纳入下道工作成果的，项目完成后不能进行检查核实的部分，必须交接，交接检查有两种书面形式：一是对项目的隐性验收，二是对工程质量临时验收。

四、 常见质量问题与防治

建筑工程的防水技术是建筑工程的重要技术之一，随着科学技术水平的提升，很多新型的防水技术被应用到建筑工程当中，使我国建筑工程的防水技术有了很大的进步。但是在实际生活中,我们仍然发现很多建筑物存在不同程度的渗漏水问题,这是多方面原因造成的,其中主要包括以下几个因素。一是防水设计因素,防水设计不能综合考虑实际工程结构特点、使用功能、地区环境、耐用年限等制订合理的设计方案。二是施工技术因素,在防水技术的应用中,施工单位不能深入认识防水技术、使用施工工艺按部就班、施工工序不合理、施工水平不达标等影响着防水施工质量。三是防水材料选择的经济性因素。防水材料的选择和使用是保证防水质量的基础要素,起着关键性作用。在施工中,不注意施工材料的质量水平,放弃经济优良的材料,不能结合防水工程的强度和规模来选择经济性能较好的材料,从而来满足防水工程的需要,这些因素出现问题都会导致建筑工程出现渗水的现象。为了确保建筑工程的质量,降低后期渗漏维修费用造价的投入,减少防水工程的二次施工修复以及材料的浪费,因此需要从根本上解决建筑工程渗漏所带来的烦恼。因此,在建筑工程施工过程中,应该从设计、施工到选材等方面严格按照防渗漏措施的要求进行,真正做到设计合理—施工规范—科学选材。这样建筑工程防渗漏技术措施的综合经济性将有所提高,同时在保证质量的前提下,能够达到适用性、耐久性、经济性等方面的综合平衡。

(一)渗漏问题

建筑工程中,不管是工业建筑还是民用住宅建筑,渗漏的出现不仅直接影响房屋的外观,而且也会影响房屋的实用性。随着渗漏问题的持续出现并得不到妥善的解决,建筑结构也会因此受到一定的影响,从而降低房屋的使用性,因此渗漏问题必须在建筑施工过程中得到足够的重视。在建筑工程中,渗漏问题包括的种类很多,主要分为如下几类。

1.地下室工程渗漏问题

在普通的民用建筑项目中,地下室的渗漏问题尤为突出。因为地下室的地势较低,特别容易出现渗水,当建筑物外面降雨量较大时,地下水会随地形逐渐流向较低的地下室。一般民用的地下室通常用作车库,如果地下室的防漏效果差,造成室内积水无法排出,居民无法将地下室的车开出,从而影响住户的日常生活,更有甚者,如果积水过多,还会导致私家车浸泡在水中,将会给住户造成更大的经济损失。

2.外窗工程渗漏问题

建筑物的门窗处也是容易发生渗漏问题的另一个重要的部位。造成门窗漏水的主要原因如下。

(1)由于建筑物的门窗安装程序不符合有关规定的要求而发生的漏水。在建造门窗的过程中,施工单位太重视成本,门窗材料质量没有达到相关标准,导致门窗材料质量不完全符合设计要求。

(2)建筑物的门窗与墙壁的接触点通常有一定的宽度,所以门窗的施工需要现场施工人员给予足够的重视,如果现场处理不当,不能有效填补门窗与墙体之间的缝隙,那么当外面下雨时,建筑物的门窗就会成为建筑工程严重的漏水点之一。

(3)建筑墙体窗台上的坡度需要合理设计并建造,如果出现"外高内低"的状况,那么窗台处出现积水就是不可避免的问题。除此以外,这种情况下门窗受到的冲击很大,容易损坏,造成建筑墙体的浪费,门窗周围出现大宽度裂缝,造成严重渗漏。

3.屋面工程渗漏问题

屋面渗漏主要包括三个方面的原因。

(1)屋面防水层的涂刷。首先防水层的涂刷必须按照规范好的施工要求进行,其次涂刷的方式也要正确。

(2)防水施工材料的选择。防水卷材是屋面防水工程中通常采用的材料,防水卷材的施工必须采取正确的操作方法,按照要求进行施工,以保证防水卷材的防水效应。

(3)施工工序的衔接。在屋面施工各个施工工序衔接过程中存在许多的问题,因此在保证各个施工环节能够有序衔接的基础上要保证好施工质量。而在屋面工程施工中,有些施工单位为了节约成本,就使用效果差的防水材料,或者未严格按照防水的施工工序,后期将会出现严重的渗漏现象,因此无论是工业建筑和民用建筑还是商业建筑,屋面的渗漏都会产生不良的后果,一方面影响建筑物的使用寿命,另一方面给被渗漏的单位造成巨大的经济损失。

（二）渗漏原因分析

影响建筑工程渗漏的因素多种多样，其中主要的因素包括设计方案是否合理、施工技术是否有效、防水材料是否合格，这些因素不仅使其单独对建筑工程的质量有影响，而且这些因素之间还互为关联。其中防水材料的施工，必须采用合理的构造措施，以保证防水工程的使用年限，防止建筑工程的渗漏。从事防水工程设计时，尤其要选择经济性较好的防水材料，能够克服结构、温差变形的影响，并且具有较好的抗老化性能。另外，随着房屋建筑规模的不断扩大，房屋建筑的结构日趋复杂，对人员的技术要求也越来越高，如果施工技术人员的技术不过关，或者是管理人员的管理水平不达标，都会导致房屋出现渗漏问题，给工程建设造成一定的损失。

1.设计方面

合理的设计是建筑质量的保证，设计成果作为后期施工的主要依据，是保证施工单位能够顺利施工的重要因素。基于传统设计理念的影响，当前建筑物防水设计不完善，其主要原因如下。

（1）对于防水工程的设计未能充分考虑当时当地的环境，并且在进行特殊部位以及关键位置防水设计时未能进行二次优化设计，施工时造成后期建筑物局部渗水严重。

（2）设计未能根据防水工程具体施工单位的技术能力进行选择合理的施工方案以及选择合理的防水材料。设计人员往往根据设计常识选择防水材料，在方法的采用上还是使用普通方法处理工程渗漏。防水设计是防渗漏工程的基础，所以设计人员在设计方案时，要根据工程所处当地环境和施工单位技术能力做出设计方案，避免各后续的施工环节出现渗漏，从而设计出一份完善的防水方案。

2.施工方面

施工技术水平及施工过程中施工工艺流程的细节处理不到位。由于施工人员施工技术水平的参差不齐，以及在施工过程中不能严格按照规范要求的施工工艺流程进行施工,尤其是对于施工工艺流程中的细节处理之处更是忽略。

一些房地产公司为了节省成本,通常会选择建设水平低、非永久性经营的公司进行房屋建设的防渗漏工程。这些企业没有安全责任感和意识,不按照规范进行检修改造。在做防渗漏的施工程序时,偷工减料,不按正规的操作流程,如屋面不打扫干净就实施防水作业,对于雨水、污水的出口管也不做处理就直接施工,这些违规作业都使得防渗漏工程只是停留在表面。防渗漏对天气的要求很高,有些施工企业无论是雨天还是雪天,都进行防渗漏的施工,这样做不仅不能做好防渗漏的工作,而且时间久了以后就会出现质量问题,以致劳民伤财。

3. 材料方面

在建筑物防水工程施工过程中,因承包商选用的防水材料不同,其防渗效果也有所不同,不合格的防水材料将会直接影响建筑物防渗质量。有些施工单位为了节省工程造价,使用低标准经济性差的防水材料,进一步加大了渗漏发生的概率,使用经济性差的防水材料施工,刚开始验收的时候可能是合格的,可是随着时间的推移,建筑房屋经常风吹日晒、霜打雨淋,材料就会逐渐老化失效,出现渗漏问题,更有甚者,给用户单位埋下安全隐患的"定时炸弹"。目前,多数建筑结构为框架结构,很多防水材料在昼夜温差和湿度的作用下,材料性能明显下降,后期出现脱落、裂缝现象,雨水容易侵蚀,致使建筑产生渗漏。

4. 成品保护方面

防水施工工程结束后,在下一道工序前未及时对成品进行保护,导致已完成的防水层损坏,漏水工程较多。在建筑施工现场,对于已完毕的防水工程的保护,通常没有科学合理的规划,这样就导致了后期渗漏问题的产生。成品保护不规范,使得工作进度缓慢,甚至交叉作业产生相互干扰。另外,成品质量保护意识薄弱,没有明确的质量保护责任,也是导致成品保护不规范的重要原因。

（三）防渗漏施工方法

建筑工程的防渗漏是一项系统工程,其难度较大,技术性强,要解决其出现的渗漏问题,需要在设计、施工、材料等方面进行综合考虑,运用 TQM 理论进行组织,并将建筑工程防渗漏中的设计、施工、材料整合联系在一起,以确保建筑工程的整体防水性能。其中防水材料的选择必须能克服结构、温差变形的影响,抵御酸、碱、盐等造成的老化及风雨的冲刷,具有一定的使用耐久性。根据工程渗漏的特点,选择合适的防水材料,根据不同防水材料的使用年限,分析不同种类防水材料的使用成本,从而确定不同防水材料的技术性能指标,为防水工程材料选择提供相应的技术参考。

1.防水材料的选择

防水材料是防水工程的物质基础,也是功能材料。目前市面上防水材料按材料形态可分为三类:防水卷材、防水涂料、防水砂浆。

防水卷材适用于大平面,通过工厂化制作,厚薄均匀,在现场施工方便。其适用于面积较大且表面比较平整的铺设面。相较于防水涂料,防水卷材厚度均匀,抗拉伸强度高,施工便捷,但是造价较高,维护成本较大。

防水涂料能够适应任何的几何形状,通过现场搅拌、混合、涂装、养护、固化作用形成表面连续整体的防水膜,从而达到防水效果。但是,防水涂料厚薄难以控制,对工人以及施工工艺水平要求较高,并且防水膜抗裂性能较差,所以适用于薄涂层区域。相比较防水卷材而言,防水涂料造价较低,易修补。

不同的防水部位采用不同类型的防水涂料和卷材,防水涂料和防水卷材的选用要根据其不同的使用年限、使用成本以及维修成本,并且不同防水涂料和卷材有不同的使用寿命与维修时间间隔。

聚合物水泥防水浆料是以水泥、细骨料作为主要成分,并且将改性材料如聚合物和添加剂等按适当配合比混合搅拌而成,具有一定柔性的防水浆料。其具有耐候性、耐磨性、耐水性、耐腐蚀、耐高温、耐低温和耐老化等性能,对混凝土表面起到加固保护和防水的作用。

2.施工成本分析

（1）经济分析模型

经济比较与选择的基本方法是效益比较与选择、成本比较与选择和最低价格比较与选择。

①效益比较与选择

效益比较法中主要包括：差额投资经济内部收益率法、净年值比较法、差额投资财务内部收益率法、净现值比较法。

②成本比较与选择

成本比较与选择法主要有：费用现值比较法和费用年值比较法。

③最低价格比较与选择

最低价格比较法，是在相同产出方案比较中，以净现值为零推算备选方案的产出最低价格，以最低价格的方案为优。

（2）防水材料成本分析模型

当前，我国工程经济性分析常用的方法，分为静态分析法与动态分析法两种，其中动态经济分析法考虑了投入资金的时间价值。本书采用动态经济分析法来比较不同防水材料的经济性，为工程实际决策提供依据。

在工程经济学中，对于经济评价的方法分为净值法和费用值法，其中又将费用值法分为费用现值（PC）和费用年值（AC）。考虑到本书比较的不同防水材料具有不同的寿命周期以及维护周期，故本书采取年费用值法来评价防水材料的经济性。这里所讨论的屋面防水材料施工成本包括人工成本、材料成本、机械成本和维护成本。

在建立全寿命周期经济成本分析模型之前，需要对建筑的设计使用寿命进行界定，并对每种防水材料的合理使用寿命进行评估。假设防水涂料的施工成本与改造成本相同，维护成本不受价格变化的影响。为了保证各种方案比较的一致性，在建筑物使用寿命结束后，未达到使用寿命的防水涂料有一定的剩余价值，即剩余使用寿命的施工成本，计算公式是剩余使用寿命与年度平均施工成本的积，以年度成本价值为经济指标。下面采用王廷福所提出的经济成本分析模型，表达式如下：

$$AC = \left\{ \sum_{j=0}^{\left[\frac{N}{n_1}\right]} I_1(P/F, i, jn_1) - \frac{\left(\left[\frac{N}{n_1}\right]+1\right)-N}{n_1} I_1(P/F, i, N) \right\} \cdot (A/p, i, N) + I_2 \Big/ n_2$$

式中:

AC —防水材料在建筑物全寿命周期内的年费值。

N —建筑设计使用年限。

n_1 —防水材料使用年限。

n_2 —防水材料维护间隔时间。

I_1 —防水材料建设成本。

I_2 —防水材料维护成本。

$P/F, i, jn_1$ —复利现值因子。

$A/p, i, N$ —资金回收因子。

$\left[\dfrac{N}{n_1}\right]$ —取整函数。

（3）成本分析模型结果分析

一般的正常建筑的设计使用年限为 50 年,特别重要建筑的设计使用年限为 100 年,临时性建筑的设计使用年限为 25 年,以一般正常建筑工程的设计使用年限为 50 年作为实际建筑的全寿命使用周期,即 $N = 50$ 年,折现率 i 按照标准折现率进行取值,由此标准折现率 i 确定取值为 5%,根据对江苏地区的相关费用走访调查,由此对于防水卷材建设成本中的人工费以及机械费分别取 15 元 /m²、10 元 /m²,对于防水涂料,考虑施工较为复杂,人工费以及机械费分别取 20 元 /m²、15 元 /m²,将所涉及防水材料的相关数据代入公式中,计算结果(见表 8–3)。

表 8–3　计算结果年费用值(AC)对比

防水材料	AC（元 /m²）
PMB–741 弹性体 SBS 改性沥青防水卷材	7.11
ARC–701 SBS 改性沥青防水卷材	7.71
SAM–921 湿铺法自粘改性沥青防水卷材	6.60

防水材料	AC（元/m²）
PMH-3080 HDPE 高密度聚乙烯预铺反粘胶膜防水卷材	6.73
SAM-980 湿铺自粘聚合物改性沥青防水卷材	6.08
非固化橡胶沥青防水涂料	8.95
聚氨酯防水涂料	8.04
JS 复合防水涂料	8.18
丙烯酸酯防水涂料	6.33

通过表 8-3 中计算结果可见，虽然防水卷材在建设成本中原材料单价较高，但是由于其耐久性以及较低的施工成本和维护成本，计算得到的年费用值低于防水涂料的年费值。在表中所涉及的五种防水卷材中，年费值最低的是 SAM-980 湿铺自粘聚合物改性沥青防水卷材，该类型防水卷材单价并非五种防水卷材中最低的，但是由于其良好的使用年限，计算得到的年费值为 6.08 元/m²。可见，该类型的防水卷材经济性最优。在表中所涉及的四种防水涂料中，丙烯酸酯防水涂料经济性最优，计算得到的年费值为 6.33 元/m²。但是总体而言，防水卷材的经济性较为平均，这是由于防水卷材市场相较于防水涂料市场更加成熟，并且施工更加规范化。

不同类型的防水材料会因为处于不同地理位置而体现出不同的性能，并且其经济效益会受到建筑物使用年限、维护成本、使用寿命、维护周期等多因素的影响。所以，在实际工程中，决策者应综合考虑多方面的影响来选择合适的防水材料，既要满足使用效果又要满足经济性的需求。

3. 提高设计水平

防水材料的品质是确保防水建筑工程质量的关键，也是整个建设工程质量至关重要的条件。伴随建筑行业的迅速发展，对防水材料的要求也是日益增长，更新的材料和使用范围不断地扩展，质量标准也在不断地优化和严谨。

必须不断更新现有的质量监管知识和观念，确保建设项目的总体质量目标得以实现。材料是工程结构的基础,没有材料就不能进行工程建设建筑工程的材料质量是工程质量的关键。为了达到既定的工程质量要求,需要对建筑材料的质量进行严格把关。因此,防水工程材料的质量把控则是提高防水建筑整体质量的保障。把控好用材的品质,必须遵循:强化防水材料质量的检测标准,改进防漏设计,严格执行防水材料质量标准,严格防水材料质量审查环节。

(1)坚持防水材料质量控制与防渗漏细化设计

材料的性能必须满足设计要求,必须保证材料在进场的时候检查样品,以保证其质量符合规定。具体的方法是采样和提交重要材料,监理工程师或施工单位代表必须到场证明并确认取样符合有关规定,并将取样送至检测单位。新材料需要必备产品质量检测合格证书,以确保产品符合质量标准。在使用新材料之前,必须通过测试和评估,需要达到各项的性能标准,并且必须得到设计单位和施工单位的批准,新材料才能得以应用,并经过相应的书面程序。

要提高房屋的防漏质量,首先就要提高工程设计人员的思想意识,在防漏设计中,必须提供防漏措施,做到先释放后防漏。同时,在设计中要加强结构本身的防水功能。对于一个普通房子的防漏水平,可以通过水淋实验进行仔细检测,这是整个防漏系统的基础。此外,防漏设计还应考虑房屋的美化美观、屋面设备及其地基的影响,以及从屋顶突出的各种建筑构件,以保证防漏过程中的排水顺畅。

设计屋面时,设计者必须针对屋面不透水结构设置至少三种渗漏措施,包含在阴阳角等容易忽略的节点处使用防水涂料或加强防水加固层。对于延伸到屋面以外的部分,如管道必须穿过屋面并留有孔洞,必须先进行检查,并且需要在防水层施工完成之前完工。防漏结构的下一步可以在确认和验证后进行。抹完防渗漏材料后,发现屋面墙上没有预留孔洞。建筑物内安装管道、设备等必要设施后,应对穿墙的梁、螺钉等部位采取有效的防水、防腐措施,并进行喷水或蓄水,以检测这些部位的防水情况。对于墙体结构、防水层和保温层之间的区域经常发生的积水隐患,需要提前做好积水的防范。

(2)遵循防水材料质量标准与加强防水材料质量检验

防水用材的品质关联着建筑功能的质量优劣,也是验收和检查防水材料质量的根据。定义、技术性能、试验方法等都应划入材料检测的标准当中。施工团队在制作防水层时,应严格遵守相关规定和标准,未经批准不得擅自改变防水层的厚度,厚度不足的防水层不能保护房屋。防漏地板接缝、地板死角和卫生间的地漏等细节是施工时不可忽视的部位。

材料质量审查是为了经过一系列的审查方式,将获得的材料数据与材料质量标准做出对比,以评估材料质量的真实度。检验方式有材料书面检测、外观检测、机械性能的检测、化学成分方面的检验和无破坏检测等。材料质量检验分成一般检验项目和其他检验项目。另外,还需保证用于检查材料质量的抽样必须具有代表性。

4. 细化施工过程

随着行业的发展,还需选择正规厂家和根据成本效益来选择达到高品质防漏效果的优质材料。另外,施工单位要根据全面质量管理理论 TQM 加强全过程质量管理,特别是关键防水部位的监督,确保高质量完成建筑工程。一般来说,重点防水部位主要包含地下室、门窗及地面。

(1)做好地下室的防渗漏措施及加强地下室的防水监管

在建筑工程建设中,建筑单位应根据建筑工程的相关标准要求,结合实际合理选择基础防水材料,严格控制地下室防水建材质量。

此外,在地下室防水施工中,操作人员不仅要按照相关标准程序对材料进行适当的防水处理,以确保地下室防水材料表面没有塑料、泥浆等其他物质,确保两个相互连接的施工界面之间没有缝隙,而且还要加强对施工人员的监督管理,以保证地下室施工的质量。在地下室施工结束后,有关单位对该项目实施全方位检查,并开展防水测试。

(2)做好门窗的防渗漏措施及加强门窗的防水监管

在建筑物中,门窗活动量最大,提高其防渗漏性能尤为重要,同时,门窗的防漏水施工也有一定的难度。为有效提高建筑门窗的美观性和功能性,建筑单位应加强材料的管控和操作人员的监督,妥善解决门窗框与建筑墙体之间的缝隙,科学选用现代建筑材料,严格控制防渗漏砂浆质量,填充门窗接缝,减少缝隙出现。

此外,应认真检查地面上的所有裂缝。在建筑物的门窗框外侧应涂上适量的灰泥。如果可能,还可以使用聚酯黏合剂清洁门窗的裂缝,以防止灰泥膨胀。建筑物外面的窗台应该比里面的窗台低3cm左右,这样可以更好地提升排水效果。在建筑门窗施工过程中,工作人员应该不断优化门窗安装时的操作流程,从而提高防渗透工艺,做到减少渗漏的可能性,以提高工业和民用建筑项目的实用效益。

(3)做好屋面的防渗漏措施

一般来说,建筑屋面漏水发生在管孔、天沟等地方。为防止建筑物屋顶大面积渗漏,建设单位可采取以下措施。

一是确定易发生渗漏的屋面位置,综合考虑室温和湿度后,选择合适的屋顶建筑材料。

二是在施工的过程中,工人必须严格按照施工规范进行施工。

5.采用新设备与新技术

对于建筑工程项目来讲,质量检测环节是保证施工质量中至关重要的部分,是以整个功能为检测的内容,采用现代检测方式,遵循对应的质量检测标准,对建筑物结构的强度、刚度、应力等性能指标进行检测。对工程质量进行检测,是对建设工程质量进行切实把控的有效方式。建筑质量检验主要有两种,即常规检查和专项检查,其中常规检查包括裂纹、腐蚀等检查,常规检查主要强调结构参数是否规范,专项检查主要是指对火灾、外墙脱落等事故后发生偏差的部位进行检测。

目前,在对建设工程质量的检查过程中,现场检查的创新度不够,检查过程中还在继续使用传统的设备、技术和方法,所以检查的效率性低。因此,必须合理地采用新设备、新技术,才能不断提升检测的质量和结果。如今,伴随时代的进步和发展,单位检测需跟上时代的步伐,逐渐引入新的检测设备和检测技术,如地坪测厚仪、混凝土裂缝检测仪等设备。使用新的测试设备前,需对设备进行彻查,并且必须做好测试设备的维护保养工作,以利更好地保证设备的使用年限。将新设备新技术合理应用于建设工程主体建筑检测的环节中,可以充分发挥好新型检测技术的优势。

建筑工程中的检测环节存在一定的难度。为了更好地提升检测的

效率,工作人员可以采取抽检的方式检查主要材料的质量。使用抽样检
验方式时,要保证样本数量充足。如果样本数量不够,就会大大降低检
验结果的精确度。

6. 优化人才配置

人才是公司发展的重要基石,各行各业的发展都离不开人才队伍。
建筑工程是众多交叉工程的集成系统,涉及的工程是方方面面的,培养
人才、优化人才配置是建筑企业保障建筑工程质量的重要手段。为建设
施工队伍骨干工作,提高员工技能,施工企业应积极采取"走出去、请进
来、专业化"的人才培养发展方式。"走出去",选派具有一定实践经验
和管理水平的员工参加各类培训活动,帮助员工掌握成熟的施工技术和
防漏保护,打造专家团队;"请进来",主动与高校强强联合,聘请专业权
威教授实施指导;"专业化",是指专注于培训,利用公司内部培训支持
平台,聘请专业培训师,积极开发基于内部专业团队的课程结构。

因为渗漏问题的修复通常会造成额外的损失,并且处理和修复的成
本很高,会严重影响施工,所以建设项目的渗漏问题会给建设单位带来
很大的成本损失。例如,一个简单的马桶漏水可能会导致一个建筑单元
摧毁整个卫生间,以找出漏水的具体原因。解决相关问题后的重建耗时
长,劳动强度大。做好防漏工作,可以有效规避增加建设成本的风险,进
而有效满足工程建设指标的各项要求。

第 九 章

建筑地面工程

建筑地面工程是建筑工程的一个重要部分,涉及工程所用的材料、设备以及进行的施工与维护工作。为了满足建筑的安全、环保以及审美要求,建筑地面工程起着非常重要的作用。建筑地面工程应该能够承受各种荷载,同时需要具备抵御风吹日晒以及抗震等功能。本章就对建筑地面工程展开分析。

一、 路基工程施工

路基是建筑的基本构成要素,路基的整体质量直接影响建筑质量以及后续的使用功能,为此,建筑工程相关人员需要提高对路基施工的重视程度,加强路基施工质量管理与施工安全管理,从而切实保证工程经济效益与社会效益,进而确保建筑工程质量与整体成效。

(一)建筑路基工程中的常见问题

为提高城市现代化水平,城市道路建设愈发频繁。但在此过程中,建筑施工问题开始显现,其中以软土路基问题最为严峻。

一是流变性十分突出,流变性突出问题主要出现在路基初步处理后,一旦出现流变性问题将会导致路基出现严重的变形,不仅会造成较为严重的经济损失,还会带来较为严峻的施工质量问题,并且会阻碍工程进度。流变性突出问题的产生主要源于软土受到外界压力或重力等因素的影响,促使软土在超过承压或承重负荷后出现软土流动。

二是含水率与空隙较高,路基的主要构成物为粉土与黏土,而粉土与黏土皆是含水率与空隙较高的涂料,从而导致路基无可避免地存在含水率高、空隙大等特性。而出现这一特性的主要原因在于路基软土表面存在大量的负离子物质,而负离子物质则会不断吸收外界中的水分子,从而促使软土表面不断有水分堆积,最终导致软土含水率升高。在此过程中,水分子会逐渐侵入到软土组织中,而随着水分子侵入还会向软土组织中带来一定的空气,进而导致软土在空气不断冲击下产生较大空隙。

三是压缩系数高,在含水率高、空隙大等特性影响下促使路基组织间存在较大缝隙,在外力作用下路基组织缝隙可以缩小,且随着压力逐渐增加,路基组织间的缝隙越小,路基的压缩系数就越高。

（二）建筑工程中路基施工管理要点

质量管理贯穿建筑工程施工的始终，是建筑工程建设施工的核心要素。高效的质量监督管理可以确保建筑工程施工材料安全、施工步骤紧扣、施工细节完善，同时也是保证建筑使用年限、保障使用者生命财产安全的重点所在。

1. 做好前期准备工作

首先，编制施工流程图。建筑工程中路基施工环节较为烦琐，流程也较为繁杂，因此应保证工程管理人员与施工人员掌握施工环节，从而确保施工流程有序进行。应将路基施工工艺编制成施工流程图，进而将测量放线、场地清平、挖设临时排水沟、施工砂垫层、安装沉降观测板、施工塑料插板、施工图坊格栅、路基土方开挖、堆载预压、路床平整等施工工序，制作成流程图交给工程负责人与施工队伍手中。

其次，加强建材质量管理。为进一步深化建筑工程中路基施工质量管理，相关人员需做好样品采集工作。一是砂石取样。要管控好样品重量，其中黄沙需采集40kg。二是水泥取样。样品重量为同批水泥总量的5%，样本来源为同一批次中随机抽取，最后将多种样品混合送检，总重送检样品重量应控制在10kg。与此同时，在采样结束送检过程中需要由监理人员、承包商共同护送样品，以确保样品真实性，此外还应制作送验单，送验单上需标明送检单位、工程名称、施工位置、材料品种、规格、产地、取样时间等。在试验检测结果出来前，样品原料不应进入施工现场，被提前用于施工建设，从而为路基施工奠定基础保障。

2. 完善摊铺施工

一是各层固化土厚度控制。要想保证软建筑路基施工质量，就必须重视摊铺作业成效，保证各层固化土厚符合要求。在实际摊铺施工中需要进行五层固化土厚控制，分别为稳定层、固化土上基层、固化土下基层、道路底基层与道路隔水层，在这五层施工时，施工人员需要明晰不同土层对厚度的不同要求，并保持严谨的工作态度完成每一层的固化土后控制。根据相关施工标准总结表明，上述五层分别对应的土厚为

0.03m、0.3m、0.35m、0.3m、0.02m。此外，在不同层级实际施工中还有一些注意事项需要谨记，如在第二层至第四层施工时应确保碾压地基承载力分别不低于 $25t/m^2$、$20t/m^2$、$5t/m^2$，最后在第五层施工完成后还应利用专业机械设备进行碾压夯实，并铺设 2cm 石粉。

二是，各层固化土含水率控制。路基加固施工是保证路基质量的重要环节，而路基加固施工的目的之一就是降低软土含水率，实现软土夯实，通过各层固化土含水率控制能够切实保证建筑路基施工质量，因此在摊铺施工中应严格管控各层固化土含水率。基于此，在实际施工中上基层、下基层与底基层的固化土含水率应分别被控制在 21% ~ 26%、26% ~ 33%、31% ~ 38% 之间。

三是，各层固化土碾压控制。在固化土碾压施工时应根据固化土的含水率合理确定各层固化土碾压时间。当固化土含水率偏高时需要在 24h 后开展回填作业，当固化土含水率偏低时应立刻开展回填作业。在此施工环节需要注意的是，当开展回填作业时，应对下层碾压过的光面层开展 4cm 左右的拉毛作业。

3. 优化碾压施工

施工人员需要在碾压施工前确定混合料的含水量是否符合要求，当标准符合要求后，施工人员应操作 16t 左右的压路机对软土路基进行静压，次数可以根据实际需求确定，但一般应保持在 2 遍以上。在静压结束后，施工人员需要再开展 7 遍以上 10 遍以下的振动碾压，当施工人员检测碾压效果，判断其已符合要求后停止作业，通过静压与振动碾压能够有效确保软土路基的夯实度。

在碾压施工环节，施工人员应根据所采用的碾压设备控制土层厚度，当压路机为 20t 时土层厚度应控制在 20cm 以下，当压路机为 12t 时土层厚度应控制在 15cm 以下，并且施工人员在完成一遍碾压施工后，下一次碾压的振动频率应随之下调。

4. 合理应用粉煤灰碎石桩施工技术

在建筑路基施工中采用粉煤灰碎石桩施工技术需要用到碎石、粉煤灰、石屑、水泥等材料，具有流动性强、桩基牢固、施工环节简单、建材消耗少等优势,在建筑路基施工过程中应根据工程实际需求,合理选择应用粉煤灰碎石桩加固施工技术。实际操作是将所有材料混拌在一起,混合均匀后将其浇筑在路基上即可。

(三)建筑工程中路基施工安全管理要点

1. 在建筑工程路基施工中开展有效的监理安全管理措施

建筑工程的价值效用非常高,因此质量与安全是建筑路基施工中必须要保障的指标内容,而在建筑路基施工中开展有效的监理安全管理措施,是维护建筑整体质量与安全的关键举措。

首先,需要建立健全监理安全管理机制,对建筑路基施工中涉及的与路基施工安全息息相关的行为进行约束与指导,对路基施工中已完成的施工部分与施工人员进行保护。

其次,需要对建筑工程中所有人员开展安全意识培训,利用安全指导手册、海报、视频等内容加强安全教育,从而确保安全施工意识全面落实到各个路基施工环节。

最后,还应要求监理人员做好质检工作,一方面对进入施工现场的材料、人员进行监督,确保施工人员为本工程工作人员,以避免外来人员进入施工现场,为施工带来安全隐患。

2. 在建筑工程路基施工中做好路基质量检测工作

做好路基质量检测工作,可以避免建筑在后续投入使用中因车辆负荷过大而发生结构性损坏,从而引发安全事故,造成社会恐慌。

首先,完善质量检测管理制度。为进一步提高建筑工程建设质量,应基于规范化、条例化、合理化和科学化原则建立健全路基质量检测管理制度。相关制度的完善首先需要在行业框架下明确路基质量检测与建筑工程质量之间的关系,建设单位也需要充分相信检测人员的专业性与公允性。

其次,加强路基质量检测现场管理。一方面,在思想上需要提高路基质量检测相关人员对检测工作的重视程度,并遵循"一切以数据为基础"原则,让相关人员在思想上认识到只有做好路基质量检测工作,才能在根源上确保建筑工程质量,降低事故安全隐患威胁。另一方面,在操作上根据 JTGH11—2018《公路桥涵养护规范》与 JTGHH21—2011《建筑技术状况评定标准》相关规定要求,进行检测结果对比分析,证明该建筑工程无质量问题与安全隐患。

综上所述,随着社会经济快速发展,各城市不同地域之间的贸易合作往来越发频繁,因此建筑作为贸易物流和城市间友好往来的重要枢纽,其路基质量十分重要。基于此,深化建筑工程路基施工质量与安全管理具有重要意义,通过做好前期准备工作、完善摊铺施工、优化碾压施工、加强现浇混凝土管桩施工、合理应用粉煤灰碎石桩施工技术、开展有效的施工安全管理与监理安全管理措施,以及做好路基质量检测工作能够有效提升建筑工程路基施工质量与安全管理成效。

二、 路面基层施工

路面基层建设是道路建筑工程中一个非常重要的环节,在进行道路基层施工时,水泥稳定碎石施工技术对改善道路质量有着非常重要的作用。合理管控水泥稳定碎石技术在道路施工上的应用,可以提高道路基层建设的效率,还可以确保道路基层的建设和施工质量,满足交通运输业发展的要求。

(一)水泥稳定碎石材料的优点

首先,水泥稳定碎石材料具有较高的工艺性能。整体结构具有抗冻融、防渗、工作稳定、耐久等特点,能够与地面紧密结合,便于施工。在高温季节,水泥稳定碎石技术能使路面保持较高的温度和水分稳定性。

其次,强度比较大。在我国高速建筑建设的早期阶段,水泥稳定碎石材料因具有良好的强度和良好的抗压性,可应用于对承载要求很高的重点地段。

再次,施工质量有保障。水泥稳定碎石材料采用高强度水泥作为胶结料,并加入优质外加剂等来提高整体性能,并且具有良好的抗水损害性。

最后,工期缩短。它的施工效率很高,工期短,能加快整体施工进度。此外,其生产成本较低。一般情况下,水泥稳定碎石材料的生产成本要比普通石料低 30% 左右。

在我国高等级建筑建设中,水泥稳定碎石具有广泛的应用范围。

(二)水泥稳定碎石技术的作用机理

通过对水泥稳定碎石技术的不断探索和实践应用,目前已形成了一套比较完整、规范化的水泥稳定碎石工艺。该工艺以级配碎石为主,再加入其他辅助胶凝物质和一定比例的泥浆,使碎石充分搅拌。然后,采用大型压路机对铺筑在路基上的各类混合材料进行均匀铺展、压实,形成高密度的道路。目前水泥稳定碎石工艺中广泛采用的是硅酸盐水泥,因此其已基本满足在道路上的应用。

但是,外界环境对水泥稳定碎石材料的影响比较大,在路面施工过程中,如果不采取相应的安全措施,很容易导致路面出现各种质量问题和隐患,影响路面的使用寿命,同时也会对行车安全产生影响。举例来说,冬季北方的温度比较低,会削弱水泥碎石的弹性,如果道路上的车辆负荷超过了碎石的承受能力,那么很容易出现裂缝。所以,要在工程建设中确保水泥稳定碎石质量的稳定性,并使其在工程实践中发挥最大的优势,就必须牢固树立工程质量管理与风险控制的观念,强化对工程质量的监督,防止各种质量事故的发生。此外,还要切实搞好建筑的后期维护保养和经营管理,以此提高建筑使用寿命。

(三)水泥稳定碎石技术在建筑路面基层施工前的准备工作

1.严格检查路面基层

将水泥稳定碎石技术用于各类建筑建设时,要积极开展安全检查和维修工作,以保证各地区的路面结构符合施工要求。在地基的安全性检查中,应主要考虑地基的压实度和厚度。但是,仍要综合考量各种工程评估与技术标准,综合评估各种资料的达标性。只有所有数据和测试的数据都能达到规范要求,才能够有效推动工程顺利完工交付。

2.施工机械的准备

在建筑路基工程中,水泥稳定碎石基层的施工工艺要使用到各种机械,因此对于所需购置的设备或租用的设备,应按照要求进行严格的监控和检验,以确保其正常运行。同时,还要特别重视设备安装和调试中的一切准备工作,只有这样才能避免在施工期间机械设备出现故障。要保证项目整体规划的顺利进行,就需要对各类设备的数量及合理的分配给予足够的重视。

(四)水泥稳定碎石技术在建筑路面基层中的具体应用

随着社会的发展,道路上的车辆越来越多,带来了巨大的交通压力,为缓解交通压力,建筑部门开展了路面治理工程,采取了水泥稳定碎石基层、改性沥青混凝土路面等措施,以改善路面的稳定性和承载力,从而保证路面的安全。在施工之前,要做好现场勘查工作,根据实际情况制订出科学合理的施工方案,为工程的顺利进行打下坚实的基础。在施工过程中,更要注意安全。

为保证高速建筑项目按期按质完工,就必须提前做好各种施工准备工作,不仅要制订好施工方案,还要制订出相应的施工计划,同时还要对每一名工人进行技术培训,以保证项目的顺利完成。在选用建材时,需要特别重视与之对应的产品规格、标识,以保证施工项目所用材料的品质。

水泥稳定碎石拌和料的配制直接影响混凝土的质量,所以要求工人能够正确设计并掌握混凝土配合比,要使用专用的测量仪器,精确称重,并严格控制用量。在安装好之后,还要进行一次取样,直到符合建筑标准才能进行下一步的建设。另外,在搅拌、分离之前,要充分考虑当地的气候条件对混凝土的直接影响,调整混凝土的用量,并控制拌和的温度,根据拌和机的特点,拌和的时机也要明确。混凝土在摊铺的时候,必须严格控制好温度,一般在 80 ~ 90℃之间为宜。如果温度过高,会导致混凝土的强度降低,不利于混凝土在基层中的稳定存在。如果温度过低,则混凝土不能进行正常的凝结和凝固。另外,施工现场要有良好的通风条件,同时还要注意对空气进行过滤和净化。在运输和拌和过程中要特别注意,如果发现有气泡和空隙出现的话就不能进行施工。

为了确保混凝土在施工和运输中不会受到任何的污染,在安装和运输的时候,必须要对运输车辆进行清洗,同时还要精确检查运输车辆的行驶路线,防止在运输的时候因为车辆的颠簸而产生离析。另外,在配料搬运过程中,要特别注意要用土工织物来覆盖和防护,以减少水分的流失,确保原料的运输安全。

在进行地基工程之前,必须对地基的整体质量进行认真检查,如发现与设计规范不符,则要进行必要的维修和改进,并将堆积在路基表面的尘土等杂物清理干净。为了保证上下两层基层之间的紧密联系,必须在进行首次铺面前,对建材进行喷洒和润湿。在摊铺、施工中,应综合运用多种施工机械和技术,对摊铺厚度、路面拱度等进行精确检验,以保证拌和料的均匀铺展,保证摊铺质量。

三、 水泥混凝土路面施工

建筑工程在相关的贸易、经济和人们的日常出行中,都扮演着不可替代的角色,所以在加强混凝土路面的施工工艺上就显得意义非凡。建筑的快速发展,极大地方便了人民群众的生产生活,与人民群众的日常生活紧密相连。随着建筑工程项目的建设数量越来越多,我国对于建筑施工建设项目的质量要求也越来越高,所以尽可能拉高混凝土路面的工程工艺就显得尤为急迫。此项技术的提高,可以让工程项目整体的质量得到大幅度提升。

作为一种新兴的路面建筑方式,混凝土路面的优点很多,如造价成本低、建成后的整体结构好、在实际的建设过程中操作简单等,但就当前来说,在实际的施工过程中对该项技术的掌握还不是很好,要想使混凝土路面的强度达到规范的要求,就必须加强混凝土路面的施工技术水平,以此来加强我国建筑施工技术管理水平。

（一）混凝土路面施工技术的优势

大部分建筑公司采用混凝土路面施工工艺来保证建筑工程的质量施工工作,因为混凝土路面所具有的特点,能够在建造过程中充分契合建筑项目的施工要求,保障此类项目的质量需求,该项技术与传统的路面施工技术相比,其优点是非常明显的,不仅可以弥补传统路面施工技术在实际应用过程中的弊端,而且还可以使建筑工程施工建设中出现的质量问题大大减少,这就使得混凝土路面技术在加强相关工程项目的质量需求上的作用更加明显。该项技术主要有以下几个方面的优势存在。

一是在实际建筑工程建设过程中,其本质是通过较大的刚度性能来实现承载力的稳定性要求,使路面的使用价值得到提高,从而达到延长建筑工程使用寿命的目的。

二是该项技术在工程项目的应用过程中占有较大比重的是机械设备,通过增加机械设备对人工使用有很大的改善作用,使劳动力得到了解放。不仅如此,机械设备与人工相比,工作效率和工作精确度更高,在保证施工质量的同时,也能在很大程度上降低施工成本,在极大程度上满足建筑工程路面的施工技术规范要求。

另外,对于建筑工程经济效益的提升,混凝土路面施工技术的作用也是非常明显的,相对于其他路面材料,混凝土材料的成本要低一些,所以从整体来看,在建筑施工中应用混凝土路面施工技术的性价比是比较高的。

（二）混凝土浇筑路面的前期准备工作

1.准备材料

混凝土路面在实际施工过程中,前期的材料准备工作必不可少,材料的好坏对施工质量影响较大。因此,在开始浇筑混凝土路面前,首先要做好材料的准备,只有材料方面的需求得到满足,才能在极大程度上满足建设需求。关于材料的准备主要有几个方面的内容：材料检测和混凝土配比试验、施工设备检查等。

在应用该项技术时,首先要做的就是对该项技术所需要的具体材料进行检测,只有保障好材料的质量,才能让整体的工程项目质量得到满足,也能更好地让该项技术应用到具体的操作过程中,如砂石、水泥、砂浆粉以及级配石料等与该项技术息息相关的材料,混凝土材料的好坏对于混凝土的强度、刚度等也有严重的影响,因此对于这些拌和材料的质量,应该进行详细的检测工作,以确保混凝土材料的检测结果符合我国规定的规范标准。

2.混凝土比例的测试

材料检测工作完成后,在向拌和站运送符合标准的拌和材料后,还要进行混凝土比例的检测工作,混凝土的浇筑质量很大程度上取决于混凝土的拌和比例,混凝土比例好不仅能使混凝土的硬度、强度大大加强,而且还能使混凝土的拌和更加合理、经济,施工成本大大降低。所以,在混凝土路面施工前,要详细地做好混凝土拌和比例的调试实验,只有这样才能在混凝土拌和比例的选择上做到最恰当,使每一种材料都能发挥其应有的作用。

(三)影响水泥混凝土工程施工质量的因素

1.招投标把关不严

目前,我国很多建筑工程建设单位往往缺乏法律契约这方面的专门人才,这就使得在实际招投标过程中,往往存在漏标、串标的情况,使得招投标文书的公正性大打折扣。而且,很多施工企业为了能够顺利中标,往往会采用恶意投标、压价等方式,导致这些施工单位在建筑工程施工中往往经验不是很丰富,在专业施工设备上往往不是很全面,在实际招投标过程中会出现很多违法分包的情况,而这些招投标公司由于缺乏相关的技术管理人员,甚至为了节约成本而把工程项目做成面子工程,使得混凝土路面的施工质量大打折扣,甚至出现安全事故。

2.验收标准控制不严

在我国现行的施工验收标准中,先由施工单位自检,再由监理工程师进行检测,全部合格后才能进行下一道工序,但在实际建筑工程施工过程中,企业往往为了做面子工程而对自检流于表面,这导致建筑工程施工质量难以保证,而在一些承包单位中,缺少自检人员,在自检过程中操之过急,没有充分发挥出自检应起的作用,这就造成了企业在建筑工程施工中不经自查而直接向监管机构报备的情况时有发生,而业主单位对施工单位的催告,往往在外部抽检过程中达不到全面把关的效果。

(四)水泥混凝土路面施工技术应用

1.建筑工程中混凝土路面模板安装的技术应用

在实际建筑工程施工建设过程中,先要确保模板安装工作符合我国所规定的相关规范要求,在进行安装之前,施工人员应该详细了解有关模板安装的注意事项,排除在模板安装过程中可能出现的问题,避免出现重复安装的事件。模板的安装应该尽量一气呵成,以此来保障模板拆除时的美观,在进行模板安装的准备工作时,应该先对模板进行检查,对于一些已经发生变形的模板不予使用,并且对投入使用的模板进行打磨处理,以避免在拆除模板时有坑洼的问题出现。

此外,放线、平移等工作都要在模板安装前进行。在安装模板时,应将模板安装的牢固性摆正,以免在浇筑混凝土时发生振捣作用,在进行安装时,需要有相关的施工人员在旁指挥操作,并且调动相关的技术人员对模板进行实时观测,防止模板在安装过程中因为操作人员的失误而安装错节,并且在安装时要处理好模板的接缝处。模板在安装过程中要对标高和平面位置进行监控,模板安装完毕后要保证模板的外观平整美观,对于错位搭接的部分要及时调整,避免模板搭接处留有空隙,以保证混凝土浇筑时不会出现漏浆现象,并在浇筑混凝土前在模板内侧涂上一层隔离剂,以方便浇筑混凝土后的拆除工作。

2.混凝土路面施工搅拌技术应用

混凝土路面在建筑工程项目的应用过程中,其中最为关键的一环就是搅拌技术,这项技术有着十分关键的作用。由于其有着较高的专业性,所以需要从事相关行业较有心得的工作人员来具体操作。在具体施工作业过程中,应根据实际工程需要,根据实际施工范围,选用适宜工程条件的机械设备与科学合理的搅拌材料。在进行搅拌作业前,应先清理好搅拌机内部,保持搅拌机内部清洁,严格管理混凝土的拌和比例,在进行搅拌作业时,应根据现场使用情况,控制好搅拌时间。

3.混凝土路面施工的摊铺和振捣技术应用

混凝土路面施工的最后一道工序就是摊铺混凝土和振捣混凝土。摊铺混凝土是指在基础路面铺上已经完成搅拌的混凝土。而混凝土的振捣工作则是利用振动式碾压设备,在混凝土浇筑过程中对混凝土路面进行碾压处理,以保证混凝土路面的结构稳定性,使混凝土变得紧密,从而让混凝土路面有着较高的平整度和稳定性。

在具体的施工过程中,往往需要施工人员在旁指导,机械设备使用需要专业的设备操作人员进行操作,以此保证施工工艺的质量达到标准,让整个施工过程中的施工工艺流程得到顺序上的保障。在混凝土的振捣技术操作中,常用的技术手段有三种,即插入式振捣、振动板振捣和振动梁振捣,对于插入式振捣来说,这种操作方式对于人员的需求较低,但往往在应用过程中需要较多的时间和人力资源,所以往往并不会大规模投入使用,而是普遍采用需要机械设备的振动梁式振捣,这种振捣方式可以大大减少施工时间,解放人工,为建筑工程节约大量施工费用。技术人员在摊铺、振捣混凝土的施工过程中,对施工质量要严格把关,发现缺漏要及时补齐。

4.混凝土浇筑路面混凝土浇筑连接缝施工的技术应用

对于连接缝的技术,虽然只是很小的一个方面,但是即使很小还是需要相关工作人员对于这项技术引起重视,在工程项目的施工过程中,此类问题往往会有两种类型,分别是横向和纵向。在对横向进行处理时,当前普遍使用拉杆的方式,而处理纵向时,则可以采用多种方式进行处理。

5.混凝土路面养护保技术应用

混凝土路面施工工艺的最后一环是施工和维护,容易出现裂缝、起壳等路面病害,而这些病害又是混凝土路面未及时处理过的。由于混凝土在凝固过程中会产生放热现象,因此对路面进行洒水处理是目前较为普遍的养护方式,洒水能有效降低混凝土内部温度,从而使混凝土路面具有稳固的结构,而且,洒水的维修优点是操作简单,施工费用也不高。如果在工程项目施工过程中,出现缺水的问题,此时混凝土路面也可以采用铺设土工布的方式进行维修。

综上所述,在目前高速公路建筑工程越来越多的情况下,只有不断提高高速公路建筑工程建设的技术水平,才能实现促进我国交通运输行业发展的目的,只有从施工工艺以及施工流程的多个方面加强相关的技术水平,才能不断推动我国相关行业的技术发展,让相关技术水平实现质的飞跃。

(五)水泥混凝土路面裂缝处理技术

在建筑工程建设中,混凝土路面施工是非常重要的内容,其施工质量能够对建筑的安全和使用性能起到决定性的作用,所以相关人员必须保持高度重视。在混凝土路面施工中最为常见的质量问题就是裂缝问题,为了使这种情况得到避免,施工单位应该对裂缝成因开展深入分析,制定出有效的质量控制方法,使出现裂缝问题的概率及严重程度有效降低,从而使建筑路面性能得到优化。

1.处理建筑工程混凝土路面裂缝的意义

（1）为使用者安全提供保障

在修建和运行建筑的过程中,安全性是必须满足的要求。建筑最主要的作用就是方便人们的出行及生产生活,若是其无法满足相关的安全性要求,就会导致路基路面损害、交通事故等问题的出现,会对交通出行产生严重影响。所以,施工人员必须高度重视处理路面裂缝的工作,选择最科学合理的施工技术,高标准完成施工,只有这样才能为行为安全提供有效保障。

（2）促进建筑施工效益的提升

如何实现经济效益的提升一直是建筑施工企业思考的问题,需要在施工过程中有效融合成本控制,但是成本控制需要与工程施工实际情况相符,否则一味地降低成本可能对建筑质量产生不良影响。而控制裂缝也是控制成本的重要手段之一,如果控制不力,就会导致严重的质量问题,这就需要施工企业对缺陷病害进行修复,甚至返工,巨大的工作量及困难程度将导致建设成本大大增加,所以有效处理混凝土路面裂缝非常重要。

2.混凝土路面裂缝的成因

（1）原材料质量较差,混凝土强度不足

如果采用了无法满足质量要求及技术指标的混凝土,将会在一定程度上增加路面出现裂缝的概率,从而影响路面性能,可能导致建筑路面的实践应用水平及服务功能降低。

一是在施工过程中未严格按照设计要求选择水泥、粉煤灰等胶凝材料,粗细集料含泥量超标、集配不良,材料计量不精确导致混凝土配合比不合理,拌和设备及拌和时间不能满足要求导致和易性差等因素,都将大大降低混凝土强度,包括商品混凝土也存在类似问题。

二是混凝土在运输过程中未进行连续搅拌或搅拌速度时间不能满足要求,造成混凝土运输途中发生离析、失水。当使用拥有偏大水灰比的混凝土进行施工时,会降低混凝土内部的密实度,同时也会降低强度。在使用较大水灰比时,会一定程度上影响混凝土自身的性能。

当使用拥有偏小水灰比的混凝土进行施工时,会导致施工难度提升,致使混凝土很难被振捣密实,同样会导致混凝土强度降低。为方便浇筑,作业人员擅自向混凝土罐中加水(减水剂)以增大混凝土坍落度,从而改变混凝土水胶比,影响混凝土强度。

(2)工序施工过程控制不严,施工工艺存在问题

当发现建筑施工有路面裂缝问题存在时,除考虑混凝土品质方面的问题,还要重视相关工序施工质量及施工过程控制,只有这样才能够使建筑混凝土路面出现裂缝的概率降低。施工过程中需注意以下几种常见问题。

一是没有合理控制基层标高,致使超出设计文件要求的顶面高程,继而导致混凝土面层厚度不足,加之前述混凝土强度不足,在行车荷载和温度作用下产生强度裂缝。

二是路基、基层等工序施工质量不达标,路面施工后可能发生路基不均匀沉陷、基层开裂等问题,或在路面施工前基础已出现裂缝损害但未及时有效处理,在行车荷载和水、温度的作用下,基础产生塑性变形、膨胀变形,形成裂缝反射,最终导致各种形式的开裂。

三是浇筑混凝土前,往往忽略对木模板及基层(垫层)表面进行湿润,从而吸收混凝土中的大量水分。摊铺浇筑过程中,存在拖拉振捣棒驱赶混凝土促使其流动,造成混凝土发生离析。施工过程中,未沿横断面连续振捣密实,振捣棒使用不规范,板底、内部及边角处可能存在欠振或漏振。失水、离析、不密实将导致混凝土存在薄弱环节及强度不足的问题,从而使路面出现裂缝。

四是混凝土面板纵横缝设置不合理,纵横缝拉杆、横向缩缝传力杆安装流于形式,细部结构未能严格按照设计图纸进行精细施工,致使其不能充分发挥传力作用,导致面板受力不均而开裂。混凝土连续浇筑长度过长,面板横向切缝不及时,由于温缩和干缩发生断裂。切缝机具不适用、切缝深度过浅,导致路面应力未完全释放,在临近缩缝处产生新的收缩缝。

五是出于缩短工期和提升经济效益等目的,施工单位存在未及时进行养护或养护时间不足、养护方式不当的问题,导致混凝土内部大量水

分流失,极易产生干缩裂缝,并且在温度较高的情况下,混凝土内部水化热不能及时释放也将会产生温度裂缝,在温度过低时也可能出现冻裂的情况。

(3)路面缺陷治理措施欠完善,后期维护管养不到位

混凝土路面施工完成后,纵横缝、龟裂处等薄弱部位处理也极易被忽视,常见的问题有:清缝灌缝不规范不标准,流于形式;填缝材料性能不能满足要求,易老化,不能充分发挥作用;灌缝养护期间未封闭交通;路面出现缺陷损害后未及时采取有效措施进行治理修复而导致质量问题逐渐扩大。建筑建成通车后,常常出现重车、超重车上路,超载现象较严重,路面设计承受荷载远不能满足超载重车通行,严重威胁混凝土面板整体质量,势必出现错台、坑洞、开裂、断板等问题,若不及时制止控制超载超重车辆通行,未及时采取修复治理措施,道路将持续被破坏,路况越来越差直至失去使用功能。

3.混凝土路面裂缝质量控制方法

(1)严格控制混凝土原材料质量及混凝土质量

一是宜选用干缩性较小的硅酸盐水泥或普通硅酸盐水泥,水泥强度、性能需满足设计要求。通过融入性能较高的外加剂确保在保证强度的前提下减少水泥和水的用量。

二是根据道路设计等级技术要求,选用质地坚硬、耐久、洁净、级配良好的碎石、碎卵石等粗集料,同样细集料也需为质地坚硬、耐久、洁净的中粗砂。

三是优先选用间歇式搅拌设备,采用计算机自动控制系统,自动配料生产,确保拌和计量精确度,同时严格控制混凝土的最佳拌和时间,以保证混凝土拌和物的黏聚性、均质性及强度稳定性。

四是拌和站应根据施工进度、运量、运距及路况,选配车型和车辆,要求驾驶人员严格遵守操作规程,确保具有良好和易性及工作性的混凝土在规定时间内运送至现场。

五是通过严格的奖惩措施加强对现场作业人员的监管,严禁工人擅自向混凝土内随意加水,同时做好现场混凝土浇筑前的相关试验检测工

作,不合格的混凝土严禁使用。

（2）严格控制工序施工质量,提升施工工艺水平

一是基层施工过程中,必须严格按照设计及规范要求控制基层顶面标高,平整度、粗糙度等指标控制在允许范围内,必须确保混凝土面层厚度。

二是路基、基层施工须严格控制施工质量,严格工序间交验制度,基础存在质量隐患或已有损害缺陷但未处理合格前,不得进行路面铺筑施工。

三是浇筑前,应将基层和模板浇水湿透,避免混凝土失水。宜选用混凝土泵送车等布料设备,均匀合理布料,严禁单点卸料后使用其他方式促使混凝土随意流动。施工过程中,作业人员应按照操作规程正确使用振捣设备,做到不过振、不欠振、不漏振,保证整个混凝土板均匀、密实。

四是严格按设计要求做好纵横缝的设置与施工,保证纵横缝构造的工作性能与施工质量。合理划分连续浇筑施工段落,正确选用切缝机具,严格掌握切缝时间及深度。

五是浇筑后,宜采用喷洒养护剂同时保湿覆盖的方式养护,也可采用保湿膜、土工布等潮湿材料覆盖的洒水式养护,其间防止强风、暴晒和冰冻并做好交通管制措施。

（3）完善路面缺陷损害整治措施,加强后期维护管养

一是路面浇筑养护完成后,宜采用切缝机先清除缝内杂物泥沙,再用压力水或压缩空气彻底清除尘土,以确保缝壁内部清洁干燥,然后选用质量合格性能优良的填料灌缝并封闭交通进行养护。

二是加强混凝土路面情况的日常巡视检查,及时发现存在的质量隐患及缺陷损害,认真分析问题产生的原因及严重程度,制订科学合理的整治方案,严格落实相关治理措施,及时消除隐患问题,把危害及损失降到最低。

三是建筑建成通车试运行阶段,需联合接管养护单位共同采取巡检等相关有效措施,做好车辆超载超限治理工作,避免超过道路设计荷载等级的车辆通行,减轻对道路的损毁。

4.优化混凝土路面质量控制的措施

（1）选用优质施工队伍，提升工程施工水平

当今工程违法分包、转包现象仍时有发生，工程质量安全等各方面受到严重影响，所以正确选用一支施工经验丰富、业务素质水平较高的施工队伍，对于具有较为复杂的施工流程和较大的工程量的建筑工程施工来说是非常重要的。一个优秀的施工队伍或班组，往往业务精通、经验丰富、态度端正、行为规范、服从管理、对于施工质量控制是非常有利的保证。

（2）不断完善管理制度，提升项目管理水平

工程项目的管理模式不是一成不变的，需要在过程中不断引进先进的管理理念，完善管理体系制度，从而提升施工管理质量。项目管理离不开"人、材、机"三大方面，首先就人员方面，施工企业必须重视对其日常业务培训学习及管理能力的提升，通过"导师带徒"形式进行传帮带，全员形成比学赶超的气势和氛围，从而快速培养锻炼出管理人才。合理利用有效的奖惩措施，可以提高管理人员的积极性、责任心。材料方面，必须做好源头把关控制，严禁不合格材料流入施工现场，做好过程质量控制，严格执行每道验收程序。机械设备方面，它是顺利推进现代建筑施工的重要保障，通过合理利用相关的施工设备能够有效提升建筑施工的质量和效率，如在浇筑和搅拌混凝土时也需要借助各种设备，若是无法有效落实检修和维护设备的工作，使用存在故障的设备会对混凝土的强度、密实性等产生影响。

现阶段，很多施工人员并不重视维护设备的工作，不但对施工质量不利，而且可能威胁操作人员的安全。所以，相关管理人员应该定期进行机械设备的维护和保养，同时与设备操作人员建立有效联系，从而保证及时发现和处理施工机械设备存在的问题。

（3）加强质量验收工作

施工过程中，严格执行工序交接验收工作，坚持上道工序不合格不得开展下道工序施工的原则，层层把控，逐级验收，从而有效保证工程的整体质量。施工结束后，交工验收是最后一个流程，只有通过交工验

收,建筑才能够满足正常运营条件。在开展各项验收工作的过程中,须严格执行验收流程和验收内容,准确反映各项施工质量指标,在建设单位、监理单位、设计单位、施工单位等多方人员的共同见证下开展质量检测及验收工作,从而有效提升质量验收工作的实效性。

与房屋建筑等土木工程相比,建筑工程拥有更为复杂的外界因素和施工环境,也拥有更高的施工技术要求。混凝土路面作为建筑工程建设中的重要施工项目,其施工质量情况与建筑工程的使用年限和安全性存在密切的联系,相关人员在开展施工管理工作时应该予以高度重视。由于混凝土的独特性质,如果在建筑施工中存在混凝土材料质量较差、配比不合理、施工工艺不规范等问题,有很大概率会导致混凝土路面出现裂缝,相关人员应该认真分析原因并采取有针对性的质量控制方法和措施。

四、 沥青路面施工

建筑工程施工大多是以沥青混凝土路面为主,与传统的水泥路面相比,不仅提升了建筑施工质量,保证了路面的平整性,也有效地增长了建筑路面结构的使用周期,而且沥青混凝土路面还具有路用性强、机械化水平高、维修便利等优势,被建筑工程施工广泛使用。

建筑工程路面的施工是其施工质量的重要控制点,影响着建筑工程路面的平整度、建筑工程的使用寿命,因此建筑工程施工中要严格控制路面施工质量。目前建筑工程主要选择沥青混凝土开展路面施工,但受到材料质量、搅拌质量等的影响,建筑工程沥青混凝土路面施工中也存在各种不良的问题,不仅给建筑工程的质量带来影响,也给施工效益、交通安全带来恶劣的影响,为了保证建筑工程施工中沥青混凝土路面的施工质量,将对施工中主要考虑问题、影响施工质量的因素等进行综合分析,提出相应的策略,以保证建筑路面的施工质量。

（一）沥青路面的施工

目前，沥青混合料的拌和设备种类比较繁多，按照矿粉和沥青供料形式的不同，可分为间歇式和连续式拌和设备。拌和产量一般每小时几吨、十几吨、几百吨不等，应根据摊铺机械的生产能力来选择配套的拌和机械，目前使用最广泛的是生产率在300t/h以下的拌和设备。

沥青混合料在生产过程中要随时进行取样和测试，这是沥青混合料拌和进行质量控制最重要的两项工作，规范中明确规定了抽样频率、规格和位置。

（二）沥青混凝土路面施工应考虑的问题

沥青混凝土路面施工还要充分考虑路面裂缝的引发因素，一般情况下，沥青混凝土路面主要包括纵向裂缝、横向裂缝两种类型，如果出现路面裂缝，很容易使水分、颗粒等杂质渗入裂缝中，影响路面结构的稳定性。根据调查发现，路面横向裂缝主要是因混凝土材料的热胀冷缩，其承载力不足以支撑其结构的变形，因此要注意在路面上设置切缝，避免裂缝问题的加大，而纵向裂缝则主要是因为路基不均匀沉降等因素，因此需要充分地解决地基问题，利用热接缝等方式对其进行有效的挤压；沥青混凝土路面还容易出现龟裂的问题，因施工基础清理不到位等原因，使施工基础层面存在灰尘杂质、水分等，当水分渗透到路基中，就会给路基的稳定性带来影响，使路面的压力加大，如果忽视后续的保养维护，就会在车辆的不断碾压下，使路面出现龟裂现象，需要充分地控制沥青混凝土材料的混合比例、把控施工细节、重视后续的保养，合理地控制龟裂问题。

沥青混凝土路面还要注意水损害问题，因路面长期处于外部环境，被雨水侵蚀、车辆压力作用等，导致出现路面结构的变形、沥青混凝土材料的脱落、路面坑洼等问题。沥青混凝土路面还要避免路面的过度光滑，否则会加大车辆打滑的发生概率，可以在沥青混凝土材料中加入玄武岩等物质，提升路面的摩擦效果。

1. 沥青混合料油石比不合格

油石配合比不合格具体体现在进行混合料搅拌或者称重的时候,实际配合比与生产技术所规定的并不对应,导致出现误差。例如,混合料中的细集料含量过多、在搅拌前对沥青的称重不够准确,致使沥青重量偏多或偏少。除此以外,施工项目的承包商把生产配合比的误差下限值当作搅拌的油石比,质量检测工作人员在进行油石比监测实验时出现误差等情况都会导致油石比不合格的情况出现。

2. 路面压实度不足

路面压实度不足主要表现为压实不能满足规范标准。

一是碾压时速率不稳定,碾压方式有误。

二是沥青混合料拌和温度非常高,出现发枯状况,促使沥青的粘合度减少,尽管经历了数次碾压,但因为路面的整体性较弱,依然会发生半分散的状况。

三是碾压时路面的沥青混合料温度非常低,黏性减少,在压实时出现分散的情况,难以把它压实成形。

四是在施工过程中碰到下雨天,沥青混合料内所形成的收缩水危害矿料和沥青的粘合度。

五是压实路面厚度不符合要求,太厚或过薄都会影响到最后的压实度。

3. 沥青面层的空隙率不符合规范

沥青路面的孔隙率如果大过要求标值,会在一定程度上增加路面的滑动摩擦力,提升止滑效果,同时也非常容易加速沥青老化,在降水、地震灾害等外部条件的作用下,路面容易出现开裂或是坍塌。因而,施工过程中,一定要严格监管沥青路面的整体面层孔隙率。

4. 路面出现裂缝、坑槽

沥青混凝土的路面较为整齐,非常利于维修保养工作,但是也在所难免地会出现路面裂缝的问题,一般主要是因为施工工艺不能满足要求、质量控制落实不到位。因为在沥青混凝土路面拼接环节中压实并不匀,路基工程容易出现竖向裂缝。此外,发生路面裂缝的很大一部分因素都是压实技术性不合格、沥青混凝土原材料中水分等其他物质太多、燃料融合不全面,进而导致粘合性较差。沥青混凝土路面裂缝不仅会影响路面的使用期,而且还有可能间接性造成交通事故的发生。

5.路面出现车辙印或者泛油现象

在沥青混凝土路面的施工过程中,如果出现沥青石料过细,沥青油用量不符合规定或者不匀,冬天施工压实不匀或是施工过程中并没有及时碾压导致沥青温度太低、压实效果不理想等状况,都会造成沥青混凝土路面被超重型汽车碾压之后出现车辙印。除此之外,在施工过程中沥青会在混凝土层之上挪动,路面会有很多沥青,要是没有第一时间解决,很容易出现道路交通事故。在炎热天气下,若重型车辆将沥青混凝土路面压实,容易出现翘皮状况。

(三)影响沥青混凝土施工质量的因素

1.施工材料质量问题

沥青作为沥青混凝土路面施工使用的主要原料,是一种有着较高温度敏感性,但弹性较差的原料,如果沥青外部的温度出现变化,其会出现热胀冷缩的问题,当沥青的温度降低时,在沥青延展性不足的情况下,就会严重地影响沥青的收缩强度,而沥青的延展性超出路面的抗张力强度时,就会加大路面出现裂缝的可能,因此沥青的选择要充分地分析其延展性、渗透性等合格证书,如果选择的沥青存在质量问题,就会影响建筑工程中沥青混凝土路面的施工效果和质量。

2.施工材料的混合比例问题

沥青混凝土路面施工所使用的混合材料,对施工效果也具有重要的作用,如果施工材料在混合的过程中,出现材料的配比不合理、搅拌温度不合适、施工材料选择不合规等,都容易影响施工的效果和质量,如当沥青混凝土路面施工材料搅拌温度过高时,就会影响沥青的内聚性能,加大路面松弛、材料剥落的发生概率,从而影响沥青混凝土路面的施工质量。

3. 沥青混凝土材料的运输问题

沥青混凝土路面施工过程中需要对材料进行运输,需要相关的人员对运输、卸料等相关的环节进行充分、细致地检查,以保证材料温湿度合格、沥青混合料的粗细集料不会出现分离现象等,如果沥青混合料因运输时间长、施工场地温度低等原因,导致材料温度不符合施工条件,或者无法满足存放标准时,就要将不符合标准的沥青混合材料进行废弃处理,防止其影响施工效果。尽管这会给建筑沥青混凝土路面施工带来资源浪费、经济损失,甚至降低效率,影响沥青混凝土路面的施工效率和质量。

4. 路面的摊铺问题

目前,沥青混凝土路面施工中的摊铺是其中主要的难点问题,对施工人员的技术要求较高,对建筑施工场地的地质条件等也有着较高的要求,如果摊铺场地下层含有污染物质、杂物等情况时,就会给路面的摊铺工作带来较大的难度,尤其是建筑工程的施工长度较长,如果场地下层污染物质较多,不仅影响摊铺效率,而且也会给路面摊铺工作带来较大的难度;建筑路面摊铺工作对摊铺技术的要求也较高,如果缺乏专业的摊铺技术、摊铺能力,或者摊铺的流程出现问题,都有可能给路面的摊铺工作带来难度,影响沥青混凝土路面的施工质量。

5. 环境方面的因素

路面工程质量将对建筑的使用期、使用感受造成非常大的影响,在规划沥青路混凝土建筑时,由于建筑设计范围特别大,因而受影响的要素也有许多,其中危害建筑工程施工质量最重要的因素是环境要素,这种环境要素又涵盖了气温、地质环境、温度及其风速等其他所产生的无法抗拒的外力作用,加上建筑工程施工基本就是在室外完成,因此受外界条件的限制会更加明显,若现场在施工过程中,工程施工工作人员并未对施工场地的各类要素开展全面地筹化,就会对工程项目的建设质量产生一定的影响。

6.材料方面的因素

在规划沥青混凝土路面时,装饰建材品质也是影响建筑建设工程施工品质的重要因素,混凝土是建筑施工的常用材料,因此要确保混凝土性能务必合格。造成装饰建材发生质量隐患的重要原因如下。

一是在生产过程中由于装饰建材的生产过程并没有按要求严格执行,进而导致制作出来的装饰建材品质不能达标。

二是采购过程中没做到严格按照要求的技术标准去购置工程建材。

三是存放阶段因其装饰建材存放不合理导致装饰建材出现了变形。例如,存放自然环境过度湿冷,都会对装饰建材品质产生影响。

7.人为方面的因素

如今的社会科技在迅猛发展,新技术、新建材五花八门,与此同时,这些高科技技术正在被应用在建设工程施工中。由于机器设备一直在不断地更新版本,而操作人员的专业技能缺乏、对工业设备掌握不够全面、实际操作不足等,致使难以满足现阶段的建设工程施工要求,导致在建筑施工中无法按照标准操作,因此出现了许多人为的质量问题。

(四)沥青混凝土路面施工要点

1.沥青表面层施工

开展沥青混凝土路面施工前,必须对施工原材料进行试验及检验,以保证所使用的施工原材料有较强的可靠性。在沥青混凝土原材料配制环节中,应遵循有关要求合理安排配制计划方案,高效完成底层工程验收、材料与设备检查工作。由于沥青混凝土路面构造需要采用集中化搅拌与机械设备摊铺方法，因此要尽可能确保购买材料为同一生产厂家，避免因原材料混合使用造成沥青路面品质受到影响。

2. 沥青混凝土摊铺

在沥青混凝土路面摊铺前，必须做好试铺工作。对路面施工标准进行细腻剖析，确立工程项目施工基本量及其进度计划表，搭建更为完整的施工组织管理体系。

为了满足建筑工程施工规定，确保施工进展及施工总体经济收益，应该选择操作方便、维护保养难度系数偏低的中小型摊铺工业设备，搞好摊铺前准备、摊铺阶段的碾压工作。摊铺前，在摊铺边框线及摊铺起终点处设置模板、槽钢等格挡对策，避免沥青混合料外撒，防止浪费。摊铺时，一台摊铺机设备摊铺总宽不宜超过 6m（双车道），一般应采用两部摊铺机前后左右错开 6 ~ 10m，呈人才梯队方法同步摊铺，中间需在 30 ~ 60mm 的钢筋搭接，并躲开行车道痕迹带，上下一层的钢筋搭接部位宜错开 200mm 以上。

平均气温小于 10℃时，一般不得进行热拌沥青混合料摊铺，如必须摊铺时，需采用特别对策，以确保摊铺时沥青混合料温度，沥青混合料摊铺环境温度一般沥青不能低于 145℃，沥青混凝土不能低于 165℃，并随时检验沥青混合料温度；当逢雨或下一层湿冷时，不可摊铺沥青混凝土，对未经夯实即遭日晒雨淋及其没有达到密实度规定，就已经制冷结硬的沥青混合料，应给予损毁处理。

3. 沥青混凝土碾压

在沥青混凝土路面碾压环节中，碾压期内常常会出现平面度未达标、碾压速率未得到有效控制、碾压期内出现大量缝隙等诸多问题。为从源头上提高沥青混凝土路面碾压质量，还要融合施工场地周边环境，挑选合适的碾压机器设备，提升项目管理人员监管力度，严格监管碾压速率，对碾压速率开展及时检验。

(五)建筑工程沥青混凝土路面施工质量控制措施

1.人员控制

为了方便完成工程质量控制总体目标,施工企业应当建立行之有效的管理制度,进一步完善工程项目组织结构、工程项目资源及监管程序流程,进而形成一支相互监督又互相协作的施工精英团队。

2.对施工材料质量进行严格控制

第一,在施工以前,需要对供应商开展深入分析,优选出与施工项目材料要求相一致的供应商。

第二,在购入施工原材料时,应当对材料进行严格检查,以保证装饰建材各项性能指标都和施工规定相符合,严禁不过关原材料进到施工场地。

第三,提升采购工作流程的严谨性和规范化,避免采购员由于个人利益失购买不过关装饰建材,对建筑工程品质产生不利影响。

(六)沥青混凝土路面施工技术管理策略

1.选择合格的施工材料,做好原料的配比计算

沥青混凝土路面的施工前期准备工作是后续工作正常开展的基础,沥青混凝土原材料的科学选择也是保证施工质量的基础,在选择沥青原材料时,要根据地质条件、生态环境、当地车辆的行驶情况等进行综合分析,如果当地降雨量大时,要尽量选择防水性能高的沥青材料,车流量大时,则选择有着较高黏度的沥青材料。选择粗骨料时,要充分分析材料的尺寸、形状等,尽量选择碎石、天然砂等作为细骨料的材料,要注意细骨料的厚度问题,防止影响沥青混凝土整体的黏性或结构的稳定性,还要根据建筑工程的施工条件、施工要求等,对施工需要使用的机械设备、检测仪器等进行充足的配备。在选择沥青混凝土原材料时,要

对其合格证、性能等进行充分的调查,以保证沥青混凝土原材料与建筑施工设备相配合,还要再根据施工现场地质条件等进行分析,对选择的施工原材料进行抽样检测,包括原材料的渗水性、承载能力等,以保证其实际功能与证书相符。根据建筑施工目的、施工图纸资料等,计算沥青混凝土原材料的配合比(包括目标、生产、生产配合比验证三种),在配比完成后摘取一定数量的样本进行检验,如果出现偏差再进行配合比的调整,直到获得最优比例的施工材料为止,以保证沥青混凝土路面的施工效果。

2. 重视沥青混凝土材料的科学搅拌

沥青混凝土路面施工材料选择好以后,要对其进行混合配比,为了保证沥青混凝土材料的混合质量,要尽量选择科学、成熟的混合技术,如利用马歇尔试验方式,对沥青的配比量、混合料种类的选择等进行确定,在进行材料混合时只需要控制材料混合加热的温度、混合时间等,一般情况下,在进行沥青混凝土的搅拌时,需要进行抽样检测,了解材料混合的质量和状态,避免因材料混合不合格等问题造成整体路面施工效果不足,给路面施工效果带来严重影响,造成经济、人力等的损失。在进行沥青混凝土材料混合搅拌时,还要对搅拌的方法、搅拌后的效果进行充分分析,一般搅拌后的混凝土材料温度要高于140℃,如果温度过高也可能影响材料的性能,影响路面的铺设效果。

3. 重视沥青混凝土路面施工前的检验

沥青混凝土路面施工前的检验工作对保证施工质量也具有重要的作用,尤其是施工场地内水准点的测量精度,遵循"三通一平"的原则,选择合适的路段进行施工测量放样,充分地了解沥青混凝土经过摊铺、初压等程序后所带来的温度、摊铺系数等变化,再根据相关的系数变化对沥青混凝土的混合比例等进行调整,以保证施工状态良好,同时还要对施工机械设备的运行状态进行检测,以保证路面施工的连续性。沥青混凝土路面施工材料进行搅拌工作时,除了保证材料的混合比例,还要注意施工场地温度条件、气候条件等情况,尤其是如果施工场地空气湿度大,要对材料混合的比例进行调整,尽量保证在温湿度适宜的条件下进行搅拌,再选择合适的细骨料、粗骨料等,以保证沥青混凝土路面的结构强度。

4.利用科学的方法开展沥青混凝土的运输

在建筑工程沥青混凝土路面的施工中,必然需要利用运输器械对施工使用的沥青混凝土材料进行运输,一般情况下,需要选择 15t 左右的运输车,车辆的整洁性也要进行控制,防止对沥青混凝土材料产生一定的污染,还需要利用密封盖在车厢上进行密封,防止因天气给材料带来污染,也可以减少运输带来的材料浪费问题。沥青混凝土在运输过程中,也可以利用厚帆布对车厢进行覆盖,以保证沥青混凝土的湿度符合施工要求。沥青混凝土的运输成本作为其施工成本的组成部分,为了减少施工成本,可以通过合理选择材料搅拌站的方式,减少运输费用的损失,一般情况下,要保证运输不会给材料性能带来变化,选择距离施工现场近的搅拌站对保证施工效果具有积极的作用。

5.科学的摊铺

沥青混凝土材料混合、运输完成后,就需要开始进行路面的摊铺,在摊铺前,要对施工路面的密实度进行充分的检验,及时填埋坑槽、压实路基,还要检测路基的基础强度,以保证摊铺的顺利开展。路面摊铺过程中,可以在路面基层撒上头层沥青材料,以保证沥青的黏度,在铺撒 5～9h 后,要充分遵循适度性、统一性、连续性等原则。适度性原则要求沥青混凝土路面施工人员尽量减缓铺装速度,充分地保证摊铺的质量和效果,一般情况下,摊铺的速度可以控制在每分钟 2～3m,在摊铺的同时进行铺布,以保证铺布质量。统一性原则要求保证沥青混凝土路面的平整,如果出现不平整的位置,要采取有效的方式压平。连续性原则要求摊铺的连续不断,根据施工的进度要求,在保证质量的同时,对进度进行控制,还要在摊铺的过程中控制夯锤、熨板的振动幅度。摊铺的过程可以利用自卸车、摊铺机、传送机等进行材料的装卸、摊铺,进而提升铺设效率。

6. 做好沥青混凝土的碾压工作

碾压是建筑工程沥青混凝土路面施工过程中重要的环节,相关的工作人员要根据建筑的实际情况利用相应型号的压路机进行碾压,还要注意碾压的速度、频次,一般情况下,压路机的轧制速度要控制在每小时 2 ~ 4km。如果使用轮胎压路机,要根据具体的施工条件,将轧制速度控制在每小时 5km 以下,因为轮胎压路机的轧制速度严重影响着沥青混凝土施工的密实度,会导致路面铺装与压实之间存在较大的空隙,影响施工效果和质量,因此一般情况下,轮胎压路机需要和滚筒模型相配合使用,以保证路面的碾压效果。如果遇到特殊情况,可以使用组合式、双轮、轮胎压路机共同作业,进行六遍以上的碾压,再通过终压作业消除压路机的痕迹,保证路面的平整,在终压作业完成后,当温度达到90℃以上时,利用静力双轮压路机再进行 2 ~ 3 次的施工,进而保证路面施工质量。

五、 常见质量问题与防治

作为建筑的重要结构之一,路基承担各种类型的碾压,除了受外部荷载作用外,还需应对各类恶劣的自然天气,在多重因素的共同作用下,易出现质量问题。针对该情况,作为施工企业,必须顺时应势,以行业规范以及技术标准为引导,结合建筑工程的实际情况,采取相适应的质量控制措施,以保证路基乃至建筑整体的质量。

(一)路基施工常见质量问题及成因

1. 纵向裂缝

纵向裂缝较为常见,其成因较多。主要包括:路基填土的宽度不能满足要求,导致中线移位,进而在后续出现纵向裂缝;施工时,未全面清理现场的杂草或是其他杂物,影响路基的质量;现场有软土地基时,未采取开挖换填或其他处理措施,直接在软基上建设路基后,由于软基承载能力不足而影响路基的质量,出现裂缝;半填半挖路基交界部位,属于薄弱处,若施工中未采取分层回填压实的方法,或是交界部位的平台开挖工作未落实到位,也有可能产生裂缝。

2.沉降

路基与桥涵通道存在连接关系,该部分的连接缺乏稳定性,具体体现在材料质量不满足要求、压实力度不足等方面,随着使用时间的延长,建筑路基发生沉降。此外,沿线存在软土地基时,未对该部分做针对性处理,因而影响地基的稳定性,加之工期的影响,施工单位可能会在路基尚未沉降的情况下便贸然进入后续施工环节,此时路基也极有可能发生沉降。

3.边坡冲刷

高填方路段边坡的土质较差同时又处理不到位时,极易导致不同程度的边坡冲刷问题。从施工的角度来看,与排水方法不合理有着密切的关系,排水设施的配套不完善,导致积水无法高效排出,逐步积聚在边坡上,并且此现象在强降雨天气显得更为明显,加之急流槽配置不到位(数量少、位置不合理等),也容易导致边坡遭冲刷。

(二)路基施工质量问题防治

1.路基填筑施工前的质量控制

疏通路基两侧的横向排水系统,构筑高效的排水网络,避免路基遭水浸泡。若施工现场以黄土、黏土等细粒土居多,更应当注重排水设施的建设,原因在于该类细粒土虽然在干燥状态下有较强的承受能力,但遭水浸泡后易发生返浆以及路基沉降问题,承受能力会急剧下降,因此有必要加强排水。为保证路基有足够的强度和稳定性,需要选择优质的土石材料,将其用于路基填筑施工中。

以设计图纸为准,组织测量放样,在现场设置适量的半永久性临时水准点和坐标点。为切实保证路基坡脚放样的准确性,要清理现场的杂草、树根等各类杂物,做适度的碾压处理,以保证路基的密实度和平整度。对于半填半挖段,则要求设置宽度至少为 2m 的台阶(向内倾斜)。

此外,在路基填筑施工前,还需加强质量检查,及时发现问题并处理,给路基填筑施工创设良好的条件,具体做法如下。

检查对象主要包含下层路基和原地面,判断是否有软土地基,若有则采取清淤、换填等相关处理措施。在现场选取具有代表性的路段组织试验,并要确定如下内容:压实机具、最佳碾压遍数、合适的松坡厚度、现场土的性质与土的含水量的关系、质量可靠的填料等。若现场存在不良土质,则及时将其清理干净。若现场有湿软地段或是水文地质不良的地段,则结合实际情况予以处理,应采取局部换填处理措施,或是铺设砂砾(为了保证处理效果,厚度通常需达到 30cm 或更多)。对于局部挖深或填高不足 20cm 的,在处理时首先翻松 30 ~ 50cm,而后再以分层的方法逐层整形以及压实。

2.路基填压期间的质量控制

路基填料的质量参照现行行业规范,选择指标合适的路基填料。对于上路床的填料,则根据建筑建设等级采取有效的指标控制措施,若为高速公路建筑或一级公路建筑,要求路面底以下 0 ~ 30cm 范围内的填料 CBR 值在 8 以上。除此之外,路基填料还需满足无杂物等其他方面的要求。在保证原材料的质量后,能够给路基施工质量提供一定程度的保障。

路基压实通常选择的是大吨位的压路机,在合理控制好碾压速度、碾压遍数等相关作业参数后,可以有效保证碾压施工效果。对于高速公路建筑或一级公路建筑,其对路基压实施工质量提出更高的要求,如路面以下 80 ~ 150cm 的上路堤的压实度则需要在 95% 以上,因此在施工中需要予以高度的重视,并采取有效的质量检测以及质量控制措施。随着路基施工技术的进步,对于特殊路基的处理技术也日渐成熟和完善。

针对软土地基的施工技术,浅层(一般小于 3m 厚)的软土地基可采用先在地表铺设土工布,再填筑路堤,土工布起分隔、过滤、排水和加速固结等作用,从而取代常规的置换方法。

3. 路基防护的施工质量控制

坡面防护的主要作用在于保证边坡的稳定性,以免遭地表水流冲刷或是出现坡面岩土风化等问题。近年来,在高等级建筑边坡的防护工作中,通常采用的是种草防护的方法,对于边坡高度较大的情况,则以砌石框格种草防护的方法为宜。石砌圬工防护在现阶段的建筑边坡防护施工中仍取得广泛的应用,混凝土预制块护坡的方法则见于路堤边坡中。还有带窗孔的护面墙,此部分主要被应用于路堑边坡防护中。针对一些风化破碎的岩石路堑边坡,其防护要求相对较高,必须考虑到破碎岩石的稳定性要求,为此可以采用锚杆挂铁丝网、高强塑料网格喷浆等相关方法,可取得较好的防护效果。

部分建筑路基边坡建设在河边,为避免其受到冲刷,宜采取直接防护的方法。对于传统的砌石、挡土墙、铁丝石笼等,其实际应用效果有限,需予以优化。为此,可以用高强土工格栅代替铁丝做石笼,护面板则可以选择聚氨酯类土工织物混凝土护坡模袋,其在防止水浪冲击方面有突出的应用优势。

挡土墙是建筑路基支挡防护领域的重点内容,具体的形式较多,各自的应用特点均有差异。对于石砌的重力式挡土墙,则主要被应用于墙高较小、地基条件良好的场地,并且其对石料的要求较高,因此还需考虑到石料的取材便捷性要求。悬臂式挡土墙、扶壁式挡土墙等,主要采用的是钢筋混凝土结构,其受力条件较好,稳定可靠,墙身圬工体积小,是一种较为常见的路基防护方式。

4. 路基排水的质量控制

在路基施工中,排水属于重点工作内容,具有系统性,必须以统筹兼顾的理念为引导,开展排水工作。在排水方案的设计中,首先需考虑路线所在区域的降雨特征、地下水分布情况、农田排灌等基础内容。其次,需关注施工技术的可行性要求,尽可能排出路基上的水分。在建筑工程路基的施工中,则需要充分考虑到如下几点。

首先,遵循因地制宜的原则,结合现场的水文条件和地质条件,适当增加路基的最小填土高度,除此之外也可以在路基的底部设隔水层。条件允许时,在路面施工前开挖临时排水沟,以便高效地排出地表水,最大限度地减小地下水对地面路基造成的不良影响。除此之外,还可以在路基的底部铺设适量的石灰(以低剂量为宜),诸如此类措施均可提高排水效率。其次,对于地面路基的水分,可以充分利用路基的横坡、边沟及急流槽,通过对此类设施的联合应用,快速排出路基上的水分。从实际情况出发,合理设置中央分隔带纵向的碎石盲沟,或是配套软式透水管等相关具有排水作用的管道,可以高效排出水分(如中央分隔带的雨水以及该处随着时间延长而逐步产生的下渗水)。

5.路基裂缝的控制措施

我国建筑工程建设通常采用的是整体道床的方法,裂缝的形式主要有两种:一是网状裂缝,与整体道床的承受力不足有关,其难以抵抗外界产生的拉力,由此产生网状裂缝。二是非荷载裂缝,较为关键的成因是明显偏大的温差以及反射性反应。在明确具体的成因后,采取针对性的控制措施,以免出现裂缝,为此,需加大对层面裂缝的防治力度,从根源上杜绝裂缝问题。从沥青特性的角度来看,随着针入度的提高,其对温度的敏感性有所降低,因此可以适当调节沥青的针入度。对于基层裂缝的控制,则应注重材料的选择,宜采用收缩性较小的混凝土。

综上所述,路基的质量控制是建筑工程施工中的重点环节,针对路基易发生沉陷、裂缝的特点,需要在施工期间加强土壤含水量的检测、压实度的控制、优质原材料的选择等相关工作,将土壤含水量稳定在合理的区间内,并结合压实等相关手段,以保证路基的施工质量。

第 十 章

建筑防腐蚀工程

　　建筑防腐蚀施工质量会直接影响建筑结构的观感以及使用寿命。因此,解决建筑防腐涂装的施工质量问题,能够有效提升施工的质量,同时避免后期返修,进而保证建筑的稳定性与强度,其经济效益非常大。当然,防腐蚀工程施工也非常讲究"预防为主,防治结合",只有对施工人员进行专业培训,并在施工过程中进行有效的监督,才能保证建筑质量。本章就对建筑防腐蚀工程展开分析。

一、 水玻璃类防腐蚀工程

（一）水玻璃类原材料要求

1.水玻璃

水玻璃模数应设置在 2.6 ~ 2.8 范围内，比重应设置在 1.38 ~ 1.45 范围内，外观的颜色往往为青灰色或黄灰色黏稠液体，其中不含有任何杂物。

2.氟硅酸钠

氟硅酸钠的纯度应＞95%，含水率应＜1%，细度要求通过 0.125mm 筛孔筛余量＜10%。如果材料受潮结块，应在＜60℃的温度下烘干，并研细过筛后方可使用。

3.耐酸填料

耐酸粉料、细骨料和粗骨料的耐酸率应＞95%，含水率应＜1%。细度及颗粒级配应符合如下要求：粉料的细度要求通过 0.15 毫米筛孔筛余量不大于 5%，通过 0.085 毫米筛孔筛余量为 15% ~ 30%。石英粉不宜单独使用，一般均与灰绿岩粉混合使用。

骨料的颗粒级配见表 10-1、表 10-2。

表 10-1　细骨料颗粒级配

粒径或筛孔 (mm)	5	2.5	1.2	0.6	0.3	0.15
累计筛余 (%)	0 ~ 15	0 ~ 35	20 ~ 60	35 ~ 75	70 ~ 90	80 ~ 100

注：用于铺砌的水玻璃砂浆的细骨料，粒径不大于 1.2mm；用于涂抹时，粒径不大于 2.5mm。

表 10-2　粗骨料颗粒级配

粒径或筛孔 (mm)	1/4 结构厚度	1/8 结构厚度	5mm 筛孔
累计筛余 (%)	0 ~ 5	30 ~ 60	90 ~ 100

注：水玻璃性质的主要指标之一是二氧化硅与碱金属氧化物的分子比，其比值叫硅氧模数或简称模数。

（二）水玻璃类材料耐腐蚀性能

水玻璃类耐酸材料，对高浓度的硫酸、盐酸、硝酸及各种有机酸均耐腐蚀，对氢氟酸、高温磷酸、碱和碱性盐类溶液则不耐腐蚀。它们的耐腐蚀性能见表 10-3。

表 10-3　水玻璃类耐酸材料的耐腐蚀性能

介质类别	介质名称	浓度 (%)	耐腐蚀性能
酸类	硫酸	96	耐
	硫酸	<50	尚耐
	盐酸	浓溶液	耐
	盐酸	稀溶液	尚耐（渗透性大）
	硝酸	>30	耐
	亚硫酸	浓溶液	耐
	亚硝酸	浓溶液	耐
	磷酸	—	耐
	醋酸	—	尚耐
	铬酸	浓溶液	耐
	硼酸	浓溶液	耐
	草酸	浓溶液	耐
	脂肪酸	—	尚耐
	氢氟酸	—	不耐
	氯硅酸	—	不耐
盐类	硫酸钠	任何浓度	耐
	硫酸铝	—	尚耐
	硫酸铵	浓溶液	耐

二、 树脂类防腐蚀工程

（一）树脂类原材料要求及主要技术指标

1.合成树脂

（1）环氧树脂

环氧树脂是含有环氧基团的高分子聚合物。在建筑防腐蚀工程中，E 型环氧树脂是通常采用的一种材料，其中 E-44（原 6101 号）环氧树脂的使用最为广泛，E-42（原 634 号）环氧树脂也有一定程度的运用。E 型环氧树脂的主要技术指标见表 10-4。

表 10-4　E 型环氧树脂主要技术指标

项目	指标	
	E-44	E-42
外观	淡黄至棕黄色黏稠透明液体	
环氧值（当量 /100g）	0.41 ~ 0.47	0.38 ~ 0.45
软化点（℃）	12 ~ 20	21 ~ 27

（2）酚醛树脂

酚醛树脂是苯酚、甲酚等酚类化合物与甲醛类醛类化合物在碱性介质中的缩聚物。建筑防腐蚀工程中，2130 号酚醛树脂是常用的一种材料，有时 2124 号、2126 号酚醛树脂和 2127 号酚钡树脂也会应用。

酚醛树脂应贮存在温度＜ 20℃的地方，贮存期不能超过一个月；如果加入 5% ~ 10% 的苯甲醇阻聚剂，贮存期可以适当延长一些，苯甲醇纯度要求大于 99%，加入树脂中应该注意搅拌均匀。2130 号酚醛树脂的主要技术指标见表 10-5。

表 10-5　2130 号酚醛树脂主要技术指标

项目		指标
外观		棕红色黏稠液体
游离酚含量 (%)		≯ 10
游离醛含量 (%)		≯ 2
含水率 (%)		≯ 12
黏度 （涂-4 黏度计,秒）	用于树脂胶泥	1000 ～ 1500
	用于玻璃钢	600 ～ 1300

（3）呋喃树脂

呋喃树脂是糠醛、丙酮等在碱性和硫酸介质中的缩聚物；在使用的时候需要先进行升温之后凝固，因此这一材料并不能单独运用到建筑防腐蚀工程中。呋喃树脂包括三种,即糠酮、糠醇和糠醛,其中产量最大的一种材料是糠酮树脂,其应用也更为广泛,而产量最小的一种材料是糠醇树脂,但是其质量是最好的。呋喃树脂的主要技术指标见表 10-6。

表 10-6　呋喃树脂主要技术指标

项目	指标
外观	红棕色、棕黑色黏稠透明液体
固体含量	≮ 70
灰分 (%)	≯ 3
含水率 (%)	≯ 1
黏度（涂-4 黏度计,秒）	600 ～ 1300

（4）不饱和聚酯树脂

不饱和聚酯树脂是由不饱和多元酸(或酐)与二元醇的缩聚物,溶于乙烯基单体(常为苯乙烯)的黏稠状树脂液。目前,国内生产的有邻苯型、间苯型和双酚 A 型等,各类型又分若干牌号。建筑防腐蚀工程中常用邻苯型的 306 号、307 号及双酚 A 型的 3301 号。不饱和聚酯树脂的主要技术指标见表 10-7。

表 10-7　不饱和聚酯树脂的主要技术指标

项目	指标
外观	浅黄、黄色黏稠透明液体
树脂含量 (%)	47 ~ 53
酸值 (mg)	20 ~ 50 氢氧化钾 / 克[①]
黏度 (涂-4 黏度计, 秒)	<300

注：①酸值：表示有机物质酸度的一种指标，是中和 1g 有机物质中的酸性成分所需氢氧化钾的港克数。

（5）煤焦油

煤焦油是炼焦工业的副产品。建筑防腐蚀工程中以使用焦化系统的高温煤焦油为佳，常与环氧树脂混合使用。

由于煤焦油含有水分和杂质，对制成品质量有害，因此应预先将煤焦油加热至 120℃ ~ 170℃，以充分去掉水分和低沸点物质，然后用 1600 孔 /cm² 金属筛过滤除掉杂质使用。煤焦油的主要技术指标见表 10-8。

表 10-8　煤焦油的主要技术指标

项目	指标	项目	指标
外观	黑色黏润液	灰分 (%)	<0.02
游离碳 (%)	<6	含水率 (%)	<1
酚含量 (%)	<0.8		

2. 固化剂

树脂类材料属高分子合成材料，必须用固化剂促其固化，不同的树脂使用不同的固化剂。建筑防腐蚀工程中，环氧树脂及以环氧为主的混合树脂常用胺类固化剂，如乙二胺、二乙烯三胺及多乙烯多胺等；酚醛树脂常用苯磺酰氯、石油磺酸等；不饱和聚酯树脂则先用过氧化环己酮引发，再用萘酸钴促进固化。

（1）各种固化剂用量及其特性

各种固化剂用量及其特性见表 10-9。

表 10-9　各种固化剂用量及特性

树脂名称	固化剂		特性及要求
	名称	用量(占树脂重量%)	
环氧树脂	乙二胺	E-44 6 ~ 8	①无色臭味毒性液体,易挥发 ②固化反应快,放热量大 ③纯度不小于70%
		E-42 4.8 ~ 7.6	
	二乙烯三胺	E-44 8 ~ 11	
	三乙烯四胺	E-44 9 ~ 11	
	多己烯多胺	E-44 14 ~ 15	①灰黑色黏稠液体,毒性较小 ②加热固化后性能好
酚醛树脂	苯磺酰氯	6 ~ 10	①黄色泊状液体,刺激性大 ②纯度不小于70%,含水率不大于2%
	硫酸乙酯 (硫酸:乙醇=1:2)	8 ~ 10	①无色液体 ②硫酸纯度98%,乙醇要求无水
	石油磺酸	12 ~ 16	①浅棕色油状液体 ②含水率小于42%
	对甲苯磺酰氯	8 ~ 10	①灰白色或浅黄色结晶粉末,有臭味 ②固化较慢 ③纯度不小于90%
不饱和聚酯树脂	过氧化环己酮	3 ~ 4	①过氧化环己酮为白色糨糊状,萘酸钴为棕色黏稠液体 ②属易燃物质
	萘酸钴	0.5 ~ 1(夏天) 3 ~ 4(冬天)	

2. 固化剂的配制

大多数固化剂均有成品供应,可直接应用。但环氧树脂用的胺类固化剂,因有毒性和臭味,故常将其预先配制成乙二胺丙酮溶液,以降低其毒性和减少臭味,酚醛树脂用的硫酸乙酯也需预先配制。

乙二胺丙酮溶液的配制:将乙二胺与丙酮按重量比1:1加入容器中,混合均匀,并间接冷却(控制温度不超过50℃)。配好的溶液应置于密闭容器内备用,贮存期一般不超过七天,长久贮存会起缩合反应而变质。

硫酸乙酯的配制:按配比要求先把乙醇放入容器中,边搅拌边将硫酸缓慢加入,并间接冷却(控制反应温度不超过 50℃)。配好的硫酸乙酯必须降至室温后方可使用,或置于耐蚀、密闭的容器中备用。

(二)树脂类材料的耐蚀性能

各种树脂配成的胶泥、砂浆、涂料及玻璃钢的耐腐蚀性能,主要是按树脂种类的不同而有差异。树脂类材料的耐腐蚀性能见表 10-10。

表 10-10　树脂类材料的耐腐蚀性能

树脂类材料名称	介质名称 可耐浓度(%)	环氧	酚醛	不饱和聚酯	环氧煤焦油
酸类	硫酸	<60	<75	<30	<50
	盐酸	<30	任何浓度	<30	<30
	硝酸	<2	<10	<5	<10
	醋酸	<10	任何浓度	<50	—
	磷酸	<85	<70	50	—
	铬酸	<10	<40	<5	—
	氟硅酸	耐	耐	尚耐	—
	氢氟酸	不耐	<60	不耐	不耐
碱类	氢氧化	<50	不耐	<5	<40
	碳酸钠	<50	<50	—	—
盐类	硫酸铵	耐	耐	耐	耐
	硝酸铵	耐	耐	耐	耐
	氯化铵	耐	耐	耐	耐

三、 常见质量问题与防治

（一）漆膜返锈

1.原因分析

（1）表面漆膜返锈的原因，多是构件在加工出厂之前未合格进行喷漆，即喷漆装膜的厚度与规定的要求不符。

（2）现场焊缝部位漆膜返锈的原因，多是焊接打磨之后焊缝的位置没有进行及时地涂装，导致受到潮湿而出现腐蚀的情况。同时，涂装之前，除锈不彻底也会导致这一问题。

2.防治方法

（1）对加工厂除锈喷涂质量进行严格的把控，避免构件表面漆膜返锈的问题出现。

（2）在油漆配比与操作技能方面，应该对现场施工人员严格培训，并且焊后打磨和涂装前的除锈质量必须与规范要求相符合。

（二）漆膜龟裂、脱落

1.原因分析

（1）油漆质量不合格或者涂料型号与所要求的不匹配。

（2）油漆配比不合理，或者混合的时候不均匀，导致稀料过少或者固化剂过多。

（3）油漆搅拌后未达到规定的熟化时间，或使用的油漆出现变质的问题。

（4）涂装之前，基底表面未清理干净，或基底表面未形成较大的粗糙度，这样导致油漆很难附着。

（5）涂装之前，基底表面温度不合理，过高或者过低。

（6）涂层过厚，经受不住暴晒以及干湿环境的侵袭。

2. 防治方法

（1）油漆需要在规定的日期使用，而且必须配套。

（2）涂料使用前需要严格按照标准混合。

（3）涂料混合搅拌均匀后，需要按照规定的时间进行熟化处理。

（4）对加工厂喷砂作业进行监管，保证涂装之前，构件表面的粗糙度与要求相符合。

（5）严格把控涂层厚度，厚度必须与规范要求相符合。

（三）涂层起皱

1. 原因分析

涂膜刷得不均匀或者过厚、涂料不配套使用、固化剂使用过多等，都容易导致外干内湿，有时候涂装之后，骤冷骤热或者底漆并没有干透，这些都是起皱的原因。

2. 防治方法

油漆配比须符合标准，涂抹的厚度也应该适中，不能过多也不能过少，而且尽量在合适的气候条件下涂装，过冷过热都不合适。

第十一章

构筑物工程

在激烈竞争的建筑市场中,如何将工作效率高、安全性能高、绿色施工程度高的新型施工技术应用于施工中,已成为各大建筑企业研究的重点,而构筑物工程问题是其中的一个重难点。本章就此对冷却塔、水池这些构筑物进行分析,以弥补传统构筑物施工过程中的不足,以期创造一种新型的构筑物工程。

一、 冷却塔施工

（一）冷却塔概述

当前,市面上冷却塔的种类有很多。一般来说,冷却塔可以分为干式冷却与湿式冷却两大类,以电厂的冷却系统为例(见图 11-1)。

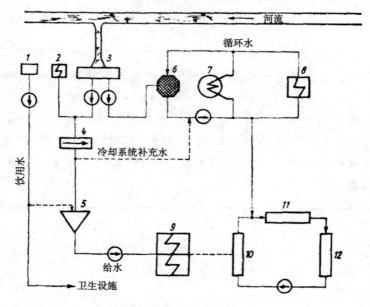

图 11-1　电厂的冷却系统

1—井;2—泵(包括风机等)的冷却器;3—机械净化处理设备;4—沉淀设备;5—化学处理设备;6—冷却塔;7—凝汽器;8—油冷却器和发电机冷却器;9—锅炉;10—除灰设备;11—灰渣沉淀池;12—水澄清池。

但是,在实际运行的过程中,干式冷却塔的冷却性能极容易受到环境的影响,尤其是温度较高时,干式冷却塔的散热能力较为有限。

而自然通风逆流式冷却塔具有较好的散热性能,并且抗污能力也更好,因此逆流式冷却塔因为对环境要求不高,能源耗费低、运行维护成本也低,受到了人们的欢迎。

从图 11-2 可知,高温循环水通过塔中心的竖井到达配水系统之后,经过喷淋装置,会均匀地流过填料区,填料区会布置一些波形的 PVC 板,这有助于将循环水和空气接触的时间予以延长,并且增加了空气和水之间的接触面积。从填料区下面流出来的循环水,会以雨滴的形态通过雨区后在集水池的位置被收集起来,冷却之后的循环水,会再次回到电厂热力系统之中,然后再进行下一次的循环过程。在循环水进行流动的过程中,往往会与冷却塔的低温空气发生热质交换,从而导致冷却塔内部的空气密度逐渐降低,这时冷却塔内外就会形成密度差。基于这种密度差,冷却塔外部的空气会流入冷却塔内部,并将循环水的热量带到冷却塔的外部,从而实现降温的功能(见图 11-2)。

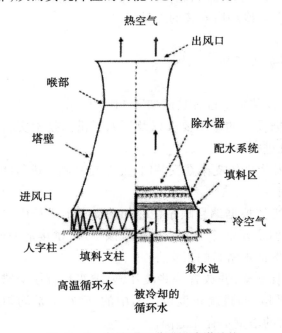

图 11-2 自然通风逆流湿冷塔结构

（二）冷却塔安装施工

1.冷却塔安装施工前的准备

冷却塔安装现场应该考虑如下几点。

第一,施工人员需要制订施工方案,并经过相关部门的审核通过。

第二,安全员对施工人员需要进行技术培训,这样在安装时才能考虑到各种问题,同时也能够了解施工中需要运用到的工具。

第三,考虑具体情况,制定各种安全防护措施。

第四,准备好冷却塔安装的工具。

2.冷却塔的安装施工过程

冷却塔的安装施工过程具体如图 11-3 所示。

第一,依据设计的基本要求以及厂家提供的技术资料规范施工,对冷却塔的基础进行核查。

第二,冷却塔塔体支架在安装时,需要在基础上进行找平,与基础预埋件焊接牢固。

第三,下塔体根据编号顺序在冷却塔支架上进行固定,之后再与底座固定牢固,但是要求冷却塔体拼装应该平坦,拼接地方要防止胶片粘连,这样能够保证水密封的紧实性。

第四,安装支架,并放置一些波片,要求双片应该交错放置,每层表面应该确保平坦,而且疏密度也是适中的,间距也是均匀的,这样才能保证与冷却塔的塔壁不存在缝隙。

第五,风机支架安装在风筒之上,风机转动面需要与冷却塔塔体的轴线保持垂直的关系。叶端与筒壁的空隙应该保持均衡,这样风机才能保持均衡,减少振动情况的发生。

第六,相邻的壳体之间不能漏风,布水管的安装应该保持水平,先将进入水管安装好,之后再安装水管,但是要注意进水干净。

第七,冷却塔在组装完成之后,应该进行注水实验,以检验冷却塔塔体的密封性是否完好。

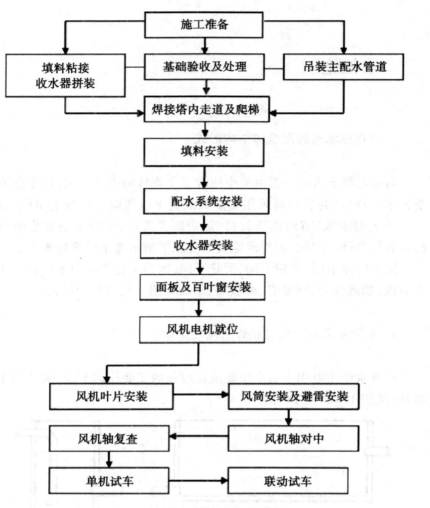

图 11-3　冷却塔的安装施工过程

二、 水池施工

（一）圆形水池的用途和结构形式

钢筋混凝土水池一般由单个或者多个旋转的壳体构成，由于壳体的受力条件良好，并且容易采用装配式混凝土或预应力混凝土结构，这对于建造大型水池、节约建筑材料、加快施工进度、避免水池发生断裂等都具有优越性。因此，圆形水池被广泛用于给水排水建筑物施工中。

根据用途不同、容积不同、形状不同，圆形水池往往由不同的结构建造而成，如圆柱壳、圆锥壳、圆板等，下面介绍一些常见的结构。

1.由圆柱壳和圆板组成的水池及泵站

这种水池主要用于对水质要求比较低的工业用调节池、水井和水源泵站（见图 11-4、图 11-5）。

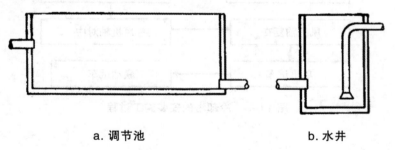

a. 调节池　　　　　　　　　　b. 水井

图 11-4　调节池及水井

受工艺的影响，一般在水池内需要增加浓缩室与反应室，如给水的脉冲澄清池和悬浮澄清池（见图 11-6、图 11-7）。

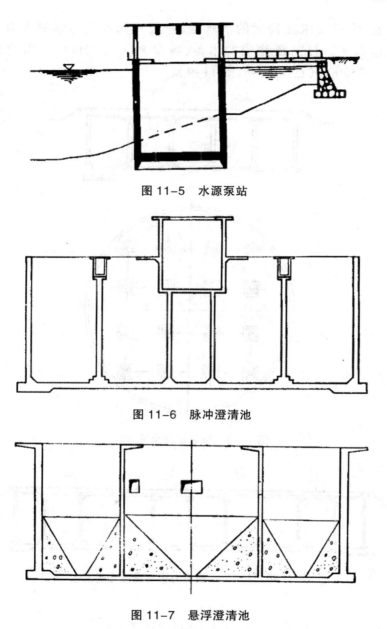

图 11-5　水源泵站

图 11-6　脉冲澄清池

图 11-7　悬浮澄清池

2.由圆柱壳和多支柱支撑的圆板组成的水池

这种水池一般用于对水质有较高要求的工业用水或者生活用

水水池、容量要求比较大的清水池，一般采用预应力钢筋混凝土结构建造而成。目前已建成的水池，容量最大为 15000m³，常见的为 1500 ~ 7500m³（见图 11-8、图 11-9）。

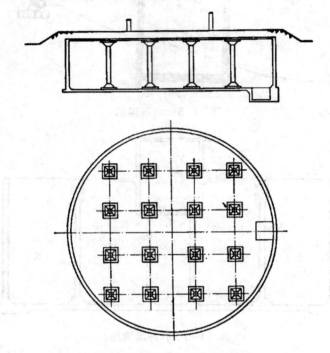

图 11-8　钢筋混凝土清水池

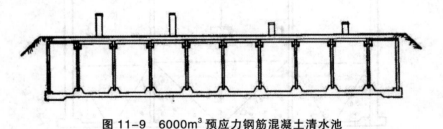

图 11-9　6000m³ 预应力钢筋混凝土清水池

3. 由两种或两种以上的壳体、圆板组成的水池

这种水池一般用于很多给水工程之中，如沉淀池或澄清池，以及排水工程的曝气沉淀池和二次沉淀池。图 11-10 所示是辐流式沉淀池，图 11-11 所示是竖流式沉淀池，图 11-12 所示是二次沉淀池，图 11-13

所示是曝气沉淀池,图11-14、图11-15、11-16所示是加速澄清池,图11-17所示是水塔。很多要求较大深度的水源泵站,往往也会这么建造,(见图11-18)。

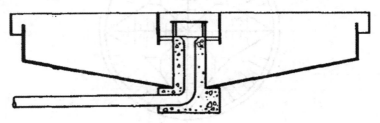

图 11-10 辐流式沉淀池

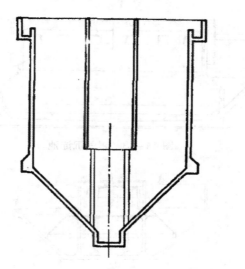

图 11-11 竖流式沉淀池

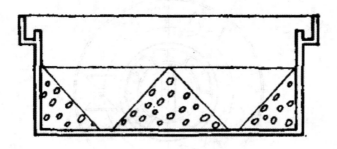

图 11-12 二次沉淀池

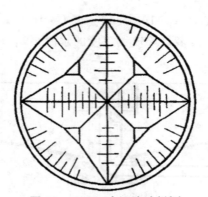

图 11-12 二次沉淀池(续)

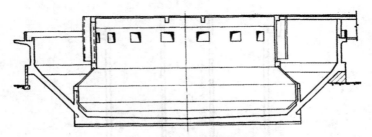

图 11-13 曝气沉淀池

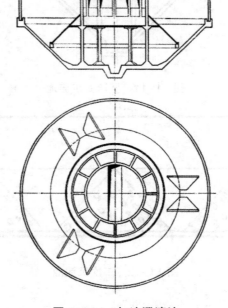

图 11-14 加速澄清池

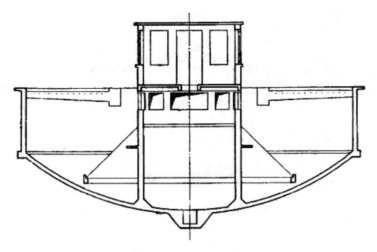

图 11-15　加速澄清池

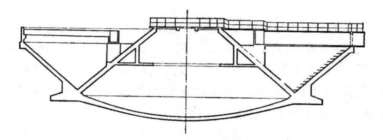

图 11-16　加速澄清池

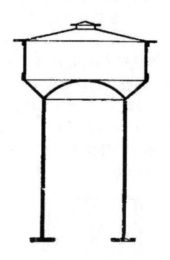

图 11-17　水塔

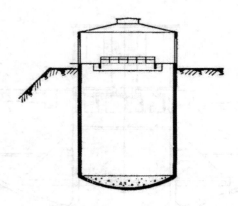

图 11-18　水源泵站

（二）水池设计的荷载问题

关于水池的计算,虽然有很多研究资料,但是根据这些资料在设计水池时,也会遇到很多问题,因此需要进一步分析和研究。例如,在荷载计算方面,对于温度变化、湿度变化以及这些变化对池壁的影响等缺乏全面的研究。对于圆形水池的一些基本壳体以及由两个壳体构成的水池,计算方式过于频繁,很难在实际施工中进行运用,而且一些近似计算方法与实际并不相符,很难达到精度要求。这些问题,都需要进行深入研究。基于这些问题,如何在设计中符合实际情况,必然需要在保证安全度的条件下,尽可能节省建筑材料,只有这样才能满足使用要求、绿化要求。

从一个圆柱壳池壁的研究来看,壳体出现变形,不仅是因为自我约束的原因,而且还受到一些边界条件的影响。如图 11-19（a）所示的壳体,由于上下端都是自由的,其并不存在边界约束的情况。但是,图 11-19（b）所示和图 11-19（c）所示两种情况就容易受到边界因素的影响,产生温度受力,这就是壳体变形受到其他物体约束导致的,因此可以被称作外约束（见图 11-19）。

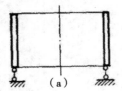
（a）

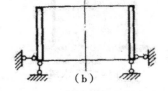
（b）

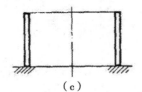
（c）

图 11-19　壳体变形理想的边界条件

季节平均温差由于在截面上的问题,在固定的同一时间是常数,因此壳体本身可以自由地发生改变,不存在自我约束的影响,如图 11-20（a）所示。但是,如果受到外界因素的影响时,如图 11-20（b）所示,就会在外约束的条件下产生温度应力。

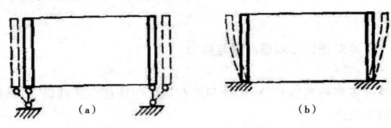

图 11-20　壳体本身的自由变形

一般来说,壁面温差在三种边界条件下,产生较大的环向弯矩,而季节平均温差则在后两种边界条件下,产生较大的环向力（见图 11-21）。

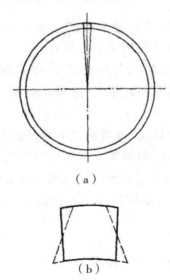

图 11-21　壁面温差案例

三、 常见质量问题与防治

（一）冷却塔施工质量问题与防治

经过多年的观察和分析，冷却塔在运行中往往会遇到损害，具体表现在以下三点。

一是冷却塔中蒸发之后的水汽，遇到冷气之后，会凝结成冰水，附着在筒壁的内壁之上，如果内壁的混凝土出现孔隙或者裂缝，实际上就成了水的流动通道，冷凝水会通过这些通道来渗透进入，从而析出混凝土中的氢氧化钙成分。

二是水塔在运行中，不时地会投入一些硫酸成分，使其附着在筒壁上的冷凝水中会渗透有硫酸根离子的成分。

三是在一些寒冷的地方，每年的春季、冬季都会出现很多次冻融循环，从而必然会损害筒壁和人字支柱、淋水骨架等结构，从而导致混凝土出现裂化的情况。

为了避免出现以上情况，可以从以下两点着手解决。

第一，采取一定措施，将混凝土容易受到侵蚀的表面进行隔离，使冷却塔中产生的冷凝水很难侵入到筒壁或淋水骨架中去。

第二，要不断提升冷却塔自身的工程质量，以保证混凝土具有较高的密实性。

（二）水池施工质量问题与防治

受施工技术、施工组织等层面的影响，很难将水池混凝土一次性浇筑完成，因此需要留出缝隙，分阶段进行浇筑。但是，有一些水池在施工过程中因为未处理好接缝处，导致存在很多质量问题，也不美观，具体表现如下。

（1）新混凝土与老混凝土接缝处理不当，导致出现严重的漏水情况。

（2）缝隙处理不好，会出现一些麻面或者夹渣层。

（3）缝隙处支撑系统方法不当，表面出现了严重的凹凸情况，很明显地错位。

针对这些问题，需要保证接缝处的质量，具体来说可以采用以下两种控制方法。

第一，表面凿毛处理，因为凿毛是保证新混凝土与旧混凝土结合的一项重要措施。但是，在凿毛的过程中，一定要把握好时间，如果凿毛时间过早，混凝土还没有达到一定的硬度，这时候会破坏墙体的粘结状态，影响墙体的受力；如果凿毛时间过晚，混凝土已经达到较高的强度，凿毛就会出现严重的困难，很难实现较好的凿毛效果。

第二，设置钢筋隐梁，在施工缝下面的混凝土中，由于混凝土存在分层，墙体上混凝土中的粗骨料比较少。尽管将一层水泥砂浆凿去了，但是上部结构中的水泥砂浆仍旧比较多，同时，混凝土施工规范要求，施工缝以上的混凝土在进行浇筑的过程中，需要先铺上一层水泥浆，但这在衔接的时候会存在新混凝土与旧混凝土薄弱地带，这种薄弱地带容易产生裂缝。因此，为了防止这一现象出现，建议在施工缝平面上下各 40mm 处分别设置 2 根 $\varphi 20mm$ 的螺纹钢筋于止水板的两侧，沿水池墙体长度方向置于两排墙体主筋之间的混凝土薄弱地带，即水泥砂浆层中。它起到粗骨料的作用，以此来抑制一部分水泥砂浆的收缩量，减少产生裂缝的问题。

参 考 文 献

[1] 本书编委会.质量员岗位知识与专业技能土建方向 [M]. 北京：中国建材工业出版社,2016.

[2] 海晓凤.绿色建筑工程管理现状及对策分析 [M]. 长春：东北师范大学出版社,2017.

[3] 黄兰,马惠香.BIM 应用 [M]. 北京：北京理工大学出版社,2018.

[4] 刘鉴秾.建筑工程施工 BIM 应用 [M]. 重庆：重庆大学出版社,2018.

[5] 鲁雷,高始慧,刘国华.建筑工程施工技术 [M]. 武汉：武汉大学出版社,2016.

[6] 孟波,薛浩然.建筑工程施工技术手册 [M]. 武汉：华中科技大学出版社,2008.

[7] 石光明,邹科华.建筑工程施工质量控制与验收 [M]. 北京：中国环境科学出版社,2013.

[8] 王丽梅,任粟,邓明栩.建筑工程施工技术 [M]. 成都：西南交通大学出版社,2015.

[9] 王守剑.建筑工程施工技术 [M]. 北京：冶金工业出版社,2009.

[10] 王作成.建筑工程施工质量检查与验收 [M]. 北京：中国建材工业出版社,2014.

[11] 许蓁.BIM 应用・设计 [M]. 上海：同济大学出版社,2016.

[12] 严晗.高海拔地区建筑工程施工技术指南 [M]. 北京：中国铁道出版社有限公司,2019.

[13] 袁俊利.建筑工程施工质量验收 [M]. 西安：西安地图出版社,2009.

[14] 张吉人.建筑结构设计施工质量控制 [M]. 北京：中国建筑工业

出版社,2006.

[15]张晓宁,盛建忠,吴旭,等.绿色施工综合技术及应用[M].南京:东南大学出版社,2014.

[16]张铟,郭诗惠.建筑工程施工技术[M].上海:同济大学出版社,2009.

[17]赵伟,孙建军.BIM技术在建筑施工项目管理中的应用[M].成都:电子科技大学出版社,2019.

[18]周国恩,周兆银.建筑工程施工技术[M].重庆:重庆大学出版社,2011.

[19]常建立,曹智.建筑工程施工技术(上、下册)[M].北京:北京理工大学出版社,2011.

[20]常建立,曹智.建筑工程施工技术下[M].北京:北京理工大学出版社,2017.

[21]常建立,曹智.建筑工程施工技术上[M].北京:北京理工大学出版社,2013.

[22]印宝权,杨树峰,蒋晓云.建筑工程认知实习[M].南京:南京大学出版社,2021.

[23]中建安装集团有限公司.大型公共建筑机电工程关键技术[M].北京:中国建筑工业出版社,2021.

[24]杨永起.建筑防水工程新技术[M].北京:中国建材工业出版社,2019.

[25]沈春林.建筑防水工程常用材料[M].北京:中国建材工业出版社,2019.

[26]张杭丽.BIM技术应用——建筑设备[M].北京:北京航空航天大学出版社,2021.